U0250817

毛茸茸的罪犯
FUZZ: When Nature Breaks the Law

[美] 玛丽·罗琦 著 于是 译
Mary Roach

湖南科学技术出版社
·长沙·

图书在版编目（ＣＩＰ）数据

毛茸茸的罪犯 /（美）玛丽·罗琦著 ；于是译.—长沙 ：湖南科学技术出版社，2025.2
（罗琦的奇异科学）
ISBN 978-7-5710-2798-8

Ⅰ.①毛… Ⅱ.①玛… ②于… Ⅲ.①野生动物—关系—人类—普及读物 Ⅳ.①
Q958.12-49

中国国家版本馆 CIP 数据核字(2024)第 059988 号

湖南科学技术出版社获得本书中文简体版独家出版发行权
著作权合同登记号 ： 18-2024-131
版权所有，侵权必究

MAORONGRONG DE ZUIFAN

毛茸茸的罪犯

著　　 者：[美] 玛丽·罗琦
译　　 者：于是
出 版 人：潘晓山
策划编辑：李　蓓 吴　炜
责任编辑：王梦娜 李　蓓
营销支持：周　洋
出版发行：湖南科学技术出版社
社　　 址：长沙市芙蓉中路一段 416 号泊富国际金融中心
网　　 址：http://www.hnstp.com
湖南科学技术出版社天猫旗舰店网址：
　　　　　http://hnkjcbs.tmall.com
邮购联系：本社直销科 0731-84375808
印　　 刷：长沙超峰印刷有限公司
厂　　 址：宁乡市金洲新区泉洲北路 100 号
邮　　 编：410600
版　　 次：2025 年 2 月第 1 版
印　　 次：2025 年 2 月第 1 次印刷
开　　 本：880 mm×1230 mm 1/32
印　　 张：9.75
字　　 数：215 千字
书　　 号：ISBN 978-7-5710-2798-8
定　　 价：68.00 元

（版权所有·翻印必究）

毛茸茸的罪犯

玛丽·罗琦 著 于是 译

湖南科学技术出版社 长沙

献给古斯、比恩和温妮，向最远的星致敬。

目录
Contents

导　语

1659年6月26日，意大利北部某省五个小镇的代表联合起来，正式起诉毛毛虫。原告方痛斥这种当地物种侵入居民们的花园和果园，连吃带偷。法庭发出了传票，复制了5份，钉在每个小镇周边森林里的树干上。传票上写得很清楚，被告毛毛虫必须于6月28日的规定时段出庭，法庭会给它们指派法律代理人。

当然，到了法庭指定的时间，毛毛虫没有露面，但照例进行了缺席庭审。尚存的一份文件中写道：法庭认可毛毛虫有权利享有自由、快乐的生活，但前提是不会"损害人类的幸福"。法官判决如下：毛毛虫将被分到另一块区域，以便存活和享乐。法庭制定出这些细则时，被告早已完成了大破坏，溜之大吉，化蛹成蝶。官司就这样打完了，毫无疑问，原告和被告都很满意。

1906年出版的《针对动物的刑事诉讼和死刑》（*The Criminal Prosecution and Capital Punishment of Animals*）详细介绍了这个案件。我第一次翻开这本书时还有点不确定——会不会是那种存心搞噱头的书？书里写到了被逐出教会的几只熊。还有收到3次警告、不得阻挠农民设网捕猎的蛞蝓，否则将被予以刑罚——"砸扁"。但是作者很快就让我折服了，这位可敬的历史学家和语言学家大海捞针，从古老文献中收集到了诸多耐人寻味的细节，附录中收入了19份以原始文字记录的相关文件副本。我们可以看到法国警察在1403年审判了一头犯下凶杀案的母猪，并提交了1份费用清单（"为了把它关进监狱，花了6索尔①"）。我们还能看到发给老鼠、并推入老鼠洞的驱逐令。在1545年众葡萄酒商对一种绿色

---

① 编者注：索尔（西班牙语：Sol）是秘鲁共和国货币的基本单位。

象鼻虫的投诉中，我们不仅能知道律师们的大名，还能见识到他们如何善用"诉讼拖延"——堪称这种历史悠久的法律策略的古早范例。据我所知，这场官司拖了八九个月——不管是几个月，反正比短命的象鼻虫拖得久。

我搬出这些例子并非要证明过去的法律制度有多愚蠢可笑，而是为了说明人类与野生动植物的冲突由来已久，从本质上来说就是难以解决的，直到现在，处理这类问题的专业人员也深知这一点。当大自然里的动植物违反了为人类制定的法律时，究竟怎么办？几个世纪以来，这个问题始终没有令人满意的解决方案。

地方法官和高级教长显然不是在理性层面做出这些决策的，毕竟，老鼠和象鼻虫读不懂"物权法"，谁也不能指望它们能谨遵人类文明的道德准则。这样做的真正目的是要以威慑力镇住老百姓：都来瞧瞧吧，即使是大自然也得臣服于我们的统治！从这个层面看，确实不走寻常路，绝对令人难忘。16世纪的法官善心大发，对子嗣满堂的鼹鼠予以宽大处理，不仅能彰显权威，还表明了他执法有度，体恤民情。

徜徉在中世纪及其后几百年的历史中，我不禁思忖：现代文明对于这个问题有没有产生新的影响和改变？看够了中古法庭和教会所做的稀罕决策，我转而去探究科学界对此有何建树，又为未来提供了哪些新思路？就这样，我越走越远。我的"向导"们有一些我不太熟悉的头衔：人象冲突专家、熊类主管、危树爆破工。我和掠食动物攻击专家、攻击现场取证调查员、激光驱鸦设备制造者、温和毒杀饵药测试者共处了一段时间。我去了一些"热门地点"——美国科罗拉多州阿斯彭市的后街暗巷，印度喜马拉雅山脚下饱受豹子威胁的小村庄、梵蒂冈城进行教宗主持的复活节弥撒前夜的圣彼得广场。我回顾了经济鸟类学家、鼠类搜捕者等专业人员曾经做出的贡献，也思索了未来的管理者、保护遗传学家们能够达成的伟业。我亲口浅尝了老鼠饵料的滋味，还被一只猕猴打劫了。

请恕本书无法面面俱到。在200个国家里，有2 000个物种经常会做出一些与人类产生冲突的行为。每个冲突局面都需要针对环境、物种和利益相关者的特定解决方案。你在本书中看到的是两年探索期中的高光时刻，那是一段让我踏入先前闻所未闻世界的奇妙旅程。

本书的前半部分涉及重罪：谋杀和过失杀人、连环杀人、严重伤害、抢劫和非法入侵、盗尸、葵花籽大盗。罪犯包括熊虎豹这类常见的嫌疑犯，以及一些不太常见的——猴子、乌鸦、花旗松。后半部分的几个章节涉及不太严重，但更普遍的轻罪。我们将谈及乱穿马路的有蹄类动物，无缘无故大肆破坏人类财产的秃鹫和海鸥，制造污物的鹅，非法入侵的啮齿类动物。

当然，抠字眼的话，这些都算不上"犯罪行为"。因为动物遵守的不是法律，而是本能。几乎无一例外，本书中的野生动物们只是在做动物该做的事：进食、排泄、安家、保护自己或亲生的孩子。它们只是碰巧对人类，或人类的家园，或农作物做出了某些举动。但不管怎么说，矛盾和冲突是存在的——让人类和市政管理部门陷入两难困境，让野生动物的生存变得更艰难，还为某人提供了素材，写一本偏门怪书。

第 1 章 　**袭击案探警**

　　　　犯罪现场取证：鉴定非人类凶犯

在20世纪的大部分时间里，美洲狮把你咬死的概率和你被文件柜砸死的概率差不多。在加拿大，除雪机致死人数是灰熊致死人数的2倍。北美人被北美野生哺乳动物杀死的情况极为罕见，这种事发生后，调查工作都由本州或本县专管钓鱼、打猎的警员和督察员负责，其隶属的机构叫作"鱼类及捕猎管理局"（或"鱼类及野生动物管理局"，因为像我所在的州已很少有打猎的状况，机构就重新命名了）。由于这类事件罕见，管理局只有极少数人有这方面的经验。他们常常处理的是偷猎案件。一旦局势逆转，嫌疑犯变成动物时，他们就需要另一种截然不同的犯罪现场鉴定和取证方法。

没有这套方法，就会犯大错。1995年，一个年轻人死在山间小路上，脖子上有刺伤，人们通常推测是美洲狮干的，而真正的凶手，却得以逃脱。2015年，人们又错误地判定某个男人是被一头狼从睡袋里拖出来再咬死的。这类案件就是设立"野生动物人类攻击案特训班"的原因之一（WHART创始者们开玩笑说，由首字母缩写而成的简称WHART"太不搭了"[①]）。特训班为期五天，一部分课程是课堂讲座，另一部分是实地培训，教员们来自不列颠哥伦比亚省的自然环境保护署[②]。

因为加拿大人在这方面很有经验。不列颠哥伦比亚省的美洲狮袭击事件比北美其他州或省都要多。那儿有15万头黑熊（阿拉斯加只有10万头），还有1.7万头灰熊，以及60名掠食动物攻击专家，其

---

① 译者注：特训班的全称是：Wildlife-Human Attack Response Training。缩写whart一词原意为码头、靠码头停泊。
② 和美国鱼类及野生动物管理局同类的加拿大官方机构。

中14名（专家，不是熊）从加拿大赴美，担任WHART特训班教官。2018年的特训班由内华达州野生动物管理局承办，其总部设在里诺（Reno），也就是博彩业的发源地之一，这个背景资料有助于我们理解一点——为什么野生动物专业人员的特训会在一家大赌场里进行？常驻于此的野生动物只有Betti the Yetti[①]老虎机上毛茸茸的拟人动物，以及导致游泳池关闭一天的某种"有危害性"的未知生物。本周，似乎只有WHART特训班预订了赌场的会展中心。赌场内部管理人员就在我们隔壁的会议厅里玩宾果游戏。

本期特训班的学员共有八十余人，分成了几个小组，所有的组长都由掠食动物攻击专家担当。和许多加拿大人一样，他们和美国白人看起来没什么差别，只能从口音上加以区分。我在此特指的是北方人用乡土气息浓郁的反问句式来收尾的习惯。这种方言习惯挺讨喜的，听来十分亲切，但就当下的主题而言却很容易出戏。"吃得真不少呢，嗯哼？""只剩两三根筋连着，你明白不？"

我们的会议厅名叫"黄松厅"，有一个讲台和用于播放幻灯片和视频的大屏幕，这部分属于标配。不属于标配的是5只很大的动物头骨，在房间最前面的长桌上摆成一排，俨如要发言的与会者。屏幕上，一只灰熊正在攻击不列颠哥伦比亚省克兰布鲁克市的维尔夫·劳埃德。这段录像是讲座的辅助内容，讲座题为："掠食动物进行人身攻击时的击毙战术讲析。"维尔夫的女婿试图射杀熊，又不想伤到人，教官总结了他当时面临的难题："你能看到熊的全身，时不时才能看见维尔夫的一条胳膊或一条腿。"结果，这位女

[①] 编者注：美国的一种老虎机品牌。

婿救了维尔夫的命，但也射伤了他的腿。

另一个挑战在于：受肾上腺素影响，枪法会失准。精细运动技能会瞬间消失。教官告诉我们，此时该做的是"直接跑到那头野兽面前，抓稳枪管，向上方开枪"，以避免击中正在受到攻击的人。哪怕你要冒着"攻击转向"的风险——这种术语听上去挺镇定的，但说白了就是野兽撂下手头的受害者，转头朝你扑来。

第二段视频说明了身处猛兽攻击的混乱局面时，保持秩序和纪律非常重要。视频中的那头雄狮正在向一个猎人发起攻击。同行猎人像无头苍蝇一样乱跑。教官在好几个瞬间按下暂停键，我们可以看到有支步枪指向狮子的同时，也瞄准了它身后的某个猎人。我们得到的建议是"按兵不动，并保持沟通"。稍后，我们将去赌场下面特拉基河边的灌木丛里进行沉浸式野外实地培训。

光标再次滑向"播放键"，狮子继续攻击。我以前在动物园工作过，每到喂食时段，狮子馆里的咆哮宛如上帝发声，听得我胆战心惊。而那不过是狮子们用餐时的闲聊罢了。这段视频中的狮子可是要吓破你的胆、要你的命。玩宾果游戏的那群人肯定很想知道在黄松厅里的我们到底在干什么。

又听了一场讲座，我们进入午休时段。预先订购的三明治已备好，等着我们去赌场另一头的小餐馆自取。排队等候的时候，我们这群人吸引了不少好奇的目光。确实不同寻常，我心想：你在赌场里肯定不太会看到这么多穿制服的执法人员。我取走自己的午餐袋，跟在几个保护署官员后面，走向外面的草坪。他们的皮革登山靴走起路来咯吱作响。"她看了看后视镜，"有个人在说，"结果看到后座上有一只熊，正在吃爆米花。"监管野生动物的官员们聚集一堂时必定三句不离本行。比如昨晚我踏进电梯时，有个人正说道："有没有对麋鹿用过电击枪？"

趁我们午休的时候，教官们把椅子靠墙摆好，在桌上摆好了训练用的人体模型，每组一个，模型有分男女，触感柔软。有些制造者颇有艺术天赋，根据照片，逼真地仿造出了实际案例中的伤口，除了用到油漆，显然还动用了钢锯。用"伤口"这个词来形容利齿和兽爪所能达到的效果，未免太平淡了点。

我们小组的模型是女性，尽管仅凭脸部残余的部分很难确定性别，贴在桌上的标签也无甚帮助——标签上写的是"百威（BUD）"。后来，我去洗手间时沿途看到了被严重暴击的"拉巴特（LABATT）"和没有脑袋的"摩森（MOLSON）"。摆放人体模型的工作台都没有编号，贴的标签上写的都是啤酒品牌。我视其为一种非常加拿大的做法，很能让人放轻松。

我们的首要任务是运用刚刚学到的法医学知识，鉴定造成这些伤害的是什么动物。我们现在查看的是负责攻击案的法医们所说的"受害者证据"：身体和衣物遭受的损害。就我们这具模型来说，最严重的可见损伤在肩头（她只剩一条胳膊了）。她的一部分颈部皮肤已被剥离，一小块头皮像剥落的墙皮耷拉下来。眼睑、鼻子、嘴唇都不见了。我们一致同意：这不像是智人的杰作。人类很少去吃同类。如果谋杀犯要移除某些身体局部，通常都会选择手或头，不让警方通过指纹或牙科记录比对来确认身份。少数情况下，谋杀犯会带走一件战利品，但通常不太会选择肩头或嘴唇。

我们一致认为，她是被熊处决的。熊的主要武器是牙齿，其软肋是毛发不那么旺盛的脸。熊攻击人类时所用的战术就是它们互斗时用的那一套。"它们都是咬来咬去的，对吧？所以它们出于本能，就会直奔你的脸而去。"我们的组长乔尔·克莱恩是个直率的年轻教官，担任过十宗熊袭人案件的调查员。"它们扑向你，下一秒，你的脸上就会有这样惨重的伤。"乔尔的脸上——听他说话时，那就是我们目光的焦点——有一双毫无瑕疵、清澈水灵的蓝眼睛。我费了不少心力，不让自己去想这张脸在那种状况下的模样。

成为杀人犯的熊与优雅无缘，有一部分原因在于它们是杂食动物。熊不需要为了捕食而频繁杀戮，进化也为它们带来了相应的改变。它们会吃坚果、浆果、水果和草，它们也会吃垃圾和腐肉。相比之下，美洲狮堪称真正的肉食动物，以其捕杀的猎物的鲜肉为生，因此，它的杀伤力极强。美洲狮会跟踪猎物，巧妙地隐蔽自己，然后瞅准时机，从后方猛扑过来，冲着后脖颈咬下去——真正的"咬杀"。美洲狮的臼齿可以像剪刀刀刃那样合拢，干净利落地咬开肉体。而熊的嘴巴是为粉碎和研磨而进化的，臼齿的表面很平坦，下巴既能上下移动，也能左右移动。熊齿造成的伤口会比较粗线条。

而且，熊咬痕的数量极多。"熊就是喜欢咬、咬、咬。"乔尔说，被咬的人通常都像我们的人体模型这样"咬得一塌糊涂。"

我再去看周围别的模型，不仅有咬伤和抓伤，还有大范围的头皮剥离和皮肤剥落。乔尔解释了其中的力学原理。人类头骨太大、太圆，无论是熊或美洲狮都没办法在咬住人头时使上劲儿，下颚发不出压碎头骨所需的杠杆力。因此，当它咬合牙齿时，牙齿就会从头骨上滑下去，撕开皮肤，啃下头皮。你可以试想一下：咬开熟透的李子时，李子皮会怎样被扯下来。

鹿，是美洲狮喜欢的主菜。鹿的脖子比人类长，脖子上的肌肉也比我们的多。美洲狮想在人类身上使出它们的咬杀绝技时，狮牙很可能在通常有肉的地方咬到骨头。"它们会试图用犬齿咬下去，把上下牙齿咬合起来，咬开皮肉再扯下来。"特训班的联合创始人凯文·凡·达姆在名为"美洲狮攻击行为"的讲座中这样说道。凡·达姆长得像宇航员，洪亮的声音不用麦克风就能传到黄松厅的最后一排。有一次，我打开手机上的分贝测试程序，惊讶地发现他的声音达到了79分贝，和垃圾处理机的音量差不多。

我们小组的模拟受害者身上的爪痕表明美洲狮不可能是嫌疑犯。与犬类不同，猫科动物的爪子在抓取猎物时会留下一串三角形的穿刺伤。熊的攻击更可能留下平行的疤痕，也就是呈现在我们眼前的爪痕状况。

乔尔向前走了一步，靠近人体模型的头部。"凯，这儿还有什么迹象？缺了鼻子、嘴唇，对吗？所以，我们之后要考虑去哪儿寻找这些……？"

"熊的胃。"我们小组的几个人高声答道。

"胃容物[①]，对极了。"乔尔经常说"对极了"。事后写这个章节时，我总觉得他的口头禅是"宾果"，但那很可能是从墙的另一边

---

① 很久以前，每当有人指控鸟类扫荡农场、偷食狩猎储备粮和商用捕鱼库存时，经济鸟类部的科学家就会用鸟类胃容物作为证据。1936 年，美国农业部的一份报告中有一则实例：大家都怪绒鸭大肆破坏扇贝养殖区，还有养蛙人射杀黄冠夜鹭，实际上，这种鸟一直都是吃蝲蛄的；还有猎人专杀鹰，因为他们认为这些鸟儿会捕食鹌鹑。上述每一案例中，胃容物证明了这些鸟的清白，可谓是"大团圆"的结局，除了那些被解剖的鸟，它们献出了自己的胃，让整个族群得以幸存。美国马里兰州的帕塔克森特野生动物研究中心曾经收藏了数千个装有鸟类胃容物的玻璃罐，直到库存爆仓，引发了一场大规模的清理，海量标本最终被倒进了帕塔克森特的垃圾车。

渗透过来的记忆。

　　整个会议厅里，没有哪具人体模型的躯干是敞开的。没有凡·达姆所说的"吃内脏"的情况。我的第一反应还挺惊讶的。之前做调研时，我从某本书上得知食肉动物往往会直接撕开猎物的腹部，取食内脏——也就是最有营养的部分。我们的教官说，在人类受害者身上不太能看到这种情况，有一种可能是因为人穿着衣服。熊和美洲狮在猎食或吃尸体时都会避开有衣服的地方。也许它们不喜欢衣服的触感和味道，或者它们搞不明白，不知道衣服下面就是肉。

　　乔尔指了指脖子和肩上的一组伤口。"我们要考虑死前还是死后？"换句话说，我们的受害者遭到这些损伤时是还活着、还是已经死了？搞清楚这一点很重要，否则，在尸体身上找东西吃的熊就可能背上杀人的罪名。根据穿刺伤口周围的淤斑，我们判定这是死前留下的伤。死人不流血，也不会有淤青，淤青就是皮肤表层下的血管破裂。如果心脏不再输送血液，血液就不会再流动。

　　乔尔给我们讲了一个故事：有人在树林里发现了一具被啃咬过的尸体，尸体紧挨着死者的车，有一部分被掩埋在树叶下面。看起来像是熊咬的，于是，人们在附近捕获了一只熊，但死者的身上和身边没太多血迹。调查员们在该男子的脚趾缝里发现了针眼，并在汽车地板上发现了一支用过的注射器。尸检证实了该男子死于吸毒过量。正如乔尔所说，那只熊只是"逮到了一个可以吃到高脂肪、高热量美餐的好机会"，就把他从车里拖了出来，吃了一顿，再把尸体藏起来，留着下顿再吃，那只熊得以无罪释放。

　　乔尔把我们的人体模型翻过来，露出背部的另外一两处死前遭受的重伤。我指出两小块被抓扯下来的皮肉，它们贴着脊柱边，没有紫色淤斑或红色血迹。昨天我们看过一张幻灯片，显示了啮齿动物造成的死后损伤，我据此大胆猜测：可能有某只森林里的小动物啃食了我们的尸体。乔尔和我们小组的一位成员交换了一个眼神，对方是来自科罗拉多的野生动物生物学家。

"玛丽，那些是喷射成型留下的印记。"他的意思是，这是人体模型的制造工艺所致。假如我前几天没出过大糗，这也不至于让我太尴尬——前几天的练习中，我作为小组记录员负责记录牙齿造成的伤口测量结果，但我记下的是厘米，而非毫米的缩写，导致本组的证据是自侏罗纪时代以来闻所未闻的上下犬齿间距。

说完了"受害者证据"，我们现在开始探讨"动物证据"——在攻击现场被射杀，或在附近被捕获的"嫌疑犯"体表或体内的证据。乔尔举例说，你可以在动物（记得先把它固定好）的牙龈囊里找到受害者的皮肉。熊吃人也会塞牙，这样想来总觉得怪怪的，但确实一找一个准。

乔尔补充说，换作是美洲狮的话，有时可以从爪子深处的缝隙里找到受害者的血液或皮肉。"你得把它们——那些可以伸缩的爪子——全部推出来，才可能在爪子下面找到证据，对吧？"

但在估算攻击动物的爪子大小的时候，爪痕却可能导致误判。动物踏出一步将重心转移到脚上时，那只脚的爪趾就会张开，脚印看起来就会更大一点。调查员在测量衣服上的爪孔或牙孔时也必须警惕这一点，因为布料在被爪子刺穿时很可能起皱或折叠起来了。

"好了，还有什么是我们该查看的？"

"毛皮上有没有受害者的血迹？"有人问道。

"是的，对极了。"乔尔还提醒我们注意：如果这只熊是在袭击现场被射杀的（而不是在事发后被围捕的），熊和受害人的血可能混在一起，使DNA测试结果含糊不清。"那我们该如何预防这种情况呢？"

"堵住伤口！"这就是不列颠哥伦比亚省自然环境保护署的男性探员们的车里会有一盒卫生棉条的原因。

我们要查找的 —— 这所有细节的终点 —— 是关联：将凶手和受害者联系起来的犯罪现场证据。乔尔走到会议室的前面，从桌上拿起一只头骨。他把上排牙齿扣在人体模型肩头的一排伤口上。这就是实锤落下的时刻。上排犬齿和门齿是否刚好契合模型肩上的咬痕？如果是，下排牙齿是否与模型背面的咬痕相匹配？

确实匹配。"压力和……"乔尔把下颚骨嵌在人体模型背面的伤口中。"反作用力。这就是你们要的铁证如山。"

我在本章开头提到过一个死于登山小道的男人，脖子上有穿刺伤。虽然没有一组上下匹配的齿痕证据，调查人员仍然认为这是美洲狮攻击所致。事实证明，那些伤不是任何野兽的牙齿造成的，而是用冰锥刺出来的。凶手逍遥法外，直到十二年后犯了别的案入狱，和狱友自吹自擂时才说出了这件事。

相反的情况也时不时发生：某人被误判有罪，但杀人的其实是野兽。最著名的莫过于澳大利亚的琳迪·张伯伦，1980年，她和家人在艾尔斯岩附近露营，她尖叫着说她看到一只澳洲野狗叼着她的孩子跑了。我们的教官之一，掠食动物攻击专家（也是幸存者）本·比特斯通在一次讲座中解说了此案。因为澳大利亚的调查人员没有找到尸体，也没有逮到野狗，所以无法像我们现在这样探查究竟。他们无法将受害者证据与动物证据关联起来。没有关联，庭审只能靠假设（比如：一只野狗不可能或不太会叼走一个10磅①重的婴儿）、人为的错误和媒体的狂轰滥炸来煽动公众舆论。张伯伦被定罪后大约三年，有一支搜寻攀岩者遗体的搜索队发现了一个澳洲野狗巢穴，洞里有些婴儿衣物的残片。张伯伦被宣告无罪释放——她的小孩真的是被野狗吃了。

时至今日，我们通常使用DNA匹配法来建立关联。被捕获（或被杀）的嫌疑犯的DNA是否匹配受害者指甲下的头发或皮肤的DNA？动物的DNA是否匹配在受害者身上找到的唾液中的DNA？就动物攻击案而言，食腐动物会让这一流程变得复杂。比方说，受害者外套上的齿痕周围的唾液很可能是动物攻击时留下的，但从受害者皮肤上拭取的唾液却可能是事后来吃尸体的动物留下的。

加拿大的北方荒野里会有很多熊，所以，务必要建立确凿的关联。凡·达姆给我们讲了一个故事：在不列颠哥伦比亚省的利洛厄特（Lillooet），有一个女人死于自家后院的熊掌之下。凡·达姆的团队设置了陷阱，对两头"很有嫌疑的熊"进行了DNA检测，但最终是在第三头熊身上得到了匹配结果。前两只无辜的熊都得以释放。

啤酒时段到了（在加拿大意味着下午5点）。教官们正在整理桌子，把人体模型搬到会议厅后面，堆在茶水桌旁的地板上。你想续最后一杯咖啡的话，必须先跨过一具尸体。我拦下了一位组员，

---

① 编者注：质量单位，1磅约等于0.454千克。

自然环境保护署育空分部的亚伦·考斯·杨，请他简述WHART特训班不会涉及的一个问题："在受到动物攻击或只是偶然撞见野兽的情况下，人们应该怎么做？"亚伦很爽快地答应了。他和乔尔同龄，都有端正的五官，举止很有教养。

你可能听说过一句谚语：看到黑的就反击，看到棕的就趴下。这话的意思是，棕熊（灰熊的一个亚种）对看似死人的对象多半没兴趣。但要这么说，问题来了——棕熊的毛色也可能是黑色的，而一些黑熊看起来却是偏棕色。要想区分这二者，更靠谱的方法是看爪子的长度和弧度，但等你离得够近、能看清这些细节并做出判断时，光有这方面的知识也不能解决眼前的危机。亚伦说：要考虑的重点并非是你面对哪种熊，而是哪种攻击。是掠食性的还是防御性的？大多数熊的攻击是出于防御。它们不是真的要击倒你，而是在吓唬你——你惊动了它，或是离它太近了，所以它希望你能乖乖地离开。"它会让你觉得它很大只、很吓人。它的耳朵会朝上竖，而不是往后贴着脑袋。"亚伦停了一下，擤了擤鼻子。他得了热伤风，挺可怜的。"它可能会用力地捶地面，喘粗气。"也就是跺跺脚或咬牙切齿。（但不会咆哮或低声怒吼，电影里才那么拍。）

亚伦把纸巾团一团，塞进羊毛衫口袋里。"它只想把你吓得屁滚尿流。"相比于黑熊，灰熊的进化是在更开阔、林木更少的地带完成的。黑熊受惊后的典型做法就是迅速消失在树丛中，但灰熊通常做不到。所以，它们决定让你逃跑。

对于这种虚张声势的建议是：你要尽可能做出不具威胁性的反应——慢慢地往后退，用平静的音调与那只熊说话。那就可能万事大吉，哪怕你面对的是一只带着幼崽的母熊。要说母熊的保护意识有多强，坊间传言都很夸张，但就不列颠哥伦比亚省所有的熊，以及人和熊的所有偶遇来说，只发生过一次护崽母熊致命攻击案。（那是只灰熊。在不列颠哥伦比亚省，至今尚无带着幼崽的雌性黑熊杀人事件。）

至于掠食性攻击，生存策略则完全相反。熊的掠食性攻击很罕见，开始时是悄无声息的，目标明确。往往是黑熊，而不是灰熊，这也和通常的假设正好相反。（尽管就两个物种来说，掠食性攻击都很罕见。）那头熊可能会隔着一段距离尾随你，在附近转来转去，一会儿消失，一会儿又冒出来。如果一头熊冲过来时耳朵是朝后平贴在脑袋上的，需要虚张声势的一方就该是你了 —— 敞开你的外套，使自己块头看起来更大。如果你身在一群人中，那就让大家聚在一起大喊大叫，好让你们看起来像一个又庞大、又响亮的生物。"要试着发出这样的信号：'我决不会不战而退，'"亚伦说，"跺脚，扔石头。"

用这个策略应对美洲狮的攻击也很正确。堪萨斯州的先驱N.C.范彻的经验倒是可以给我们一点启示，1871年春天，他站在一头水牛的尸体边察看时，发现有只美洲狮正盯着他看。《堪萨斯州先锋史》（*Pioneer History of Kansas*）是这样描述的：范彻把一只脚踹进死水牛的双角间，用脑袋猛撞水牛的大腿骨，还上蹿下跳，"拼命地吼叫"。那头美洲狮就走了，说真的，谁看到这一幕不会赶紧溜呢。

如果那头美洲狮没被吓跑，而是冲过来并发动攻击呢？亚伦回答："做你能做的任何事，去反击。"如果是熊，就攻击它的脸。亚伦指了指他的鼻子以示方向，那只红彤彤的鼻子都被擦破了。"不要装死。"如果你在这个节骨眼装死，有可能，你很快就不用装了。

如果掠食性猛兽执意要进攻，无论是什么情况，你转身就跑莫过于最糟糕的事。尤其是面对美洲狮这样的肉食性猎手的时候，因为逃跑（或骑山地车）会引发"捕手—猎物反应机制"，好比按下了开关，一旦开启了，就会保持很长一段时间，直到捕杀完成。

特训班的教官之一本·比特斯通亲身体验过美洲狮的攻击，深知它们在进攻模式中有何等的决心和毅力。他是不列颠哥伦比亚省西库特尼山区保护署的警员，接到过不少动物攻击案件的救援电话——大多数都是遇到熊，有了轻伤。几年前，他接到了一通很不寻常的电话。一头瘦弱的美洲狮鬼鬼祟祟地在一对老夫妇家的周边出没。比特斯通在昨天的讲座中讲述了这段体验。他告诉我们，他下了车，没有携带武器，走向门口，敲门，全程都没有意识到那头美洲狮此时此刻正隔着玻璃窗紧跟着那对老夫妇。"只要那个男人离开这个房间，走进另一个房间，美洲狮就会去那个房间的窗边，"他对我们说，"玻璃上有爪印。"

突然，那个男人关上了门。比特斯通一转身看到了美洲狮，就在五英尺①开外，后腿蹲着，耳朵紧贴脑袋，尾巴摆来摆去。"我大喊大叫，冲着它踢腿，我们告知公众要做的那些动作我都做了，都没用。"美洲狮扑到了比特斯通身上，他试图掐住它的脖子，但它扭开了，再一扭头，狠狠咬进了他的工作靴。他抓起靠在墙上的一把扫帚，奋力抽打美洲狮，但它没有松口。他设法将扫帚柄塞进它

---

① 编者注：计量单位，1 英尺约为 30.48 厘米。

的嘴，往喉咙里推。这时候，躲在屋内的那对夫妇只是透过窗户往外看。比特斯通一边用廉价的锡柄扫帚拖延美洲狮的进攻，一边大喊："嘿！嘿！"

"那个老男人总算打开门，问了一句：'你要怎样？'我就说，'我需要一把刀！'"老男人就去了厨房，想找出某把特定的刀，结果发现它在洗碗机里。等他终于找到那把刀、再交给比特斯通后，比特斯通"手刃"了美洲狮。（尸体解剖显示，跑鞋的碎片卡在了那只美洲狮的胃囊口，堵住了胃部，导致它饥肠辘辘。）

亚伦和我收拾东西离开会议厅时，宾果游戏也散场了。当凯文·凡·达姆用胳膊夹着一个血淋淋的半裸人体模型走过走廊时，有个敏捷但有点驼背的玩家正向男厕所走去。凡·达姆走起路来大步流星，目不斜视，气宇轩昂。那位宾果玩家停了下来。"不好意思。"凡·达姆说了一句，没作任何解释。

赌场停车场距离特拉基河仅有四分之一英里[①]，这条路上鲜有汽车经过。今天走这条路将乐趣多多，因为一路上有好多个黄色警戒带封起来的犯罪现场。穿着制服和"动物攻击反应小组"荧光绿马甲的男男女女带着步枪和尸体袋走来走去。今天是WHART实地特训日。

我们小组的犯罪现场介于道路护栏和陡峭的碎石堤坝基底之间。昨天晚上，反应小组收到了一份攻击事件报告，这当然是事先安排好的。我们据此得知，有个年轻人和未婚妻吵了一架，之后离开了两人当作居所的温尼贝戈房车，用睡袋在户外睡觉。凌晨四

---

① 编者注：长度单位，1 英里约为 1.609 3 千米。

点，警长接到未婚妻的电话，她说他失踪了，警长就开车出去找了一圈。他找到了空瘪的睡袋，看到了一头狼，就开枪打死了它。之后，他把调查报告发到动物攻击反应小组，也就是我们。

我们的首要任务是保护案发现场，以确保没有大型动物潜伏于此。美洲狮和熊有时会掩藏受害者的尸体，用树叶和灌木枝将其浅浅地掩埋起来，留着以后回来再吃。对反应小组来说，这会让"犯罪现场"存在潜在的危险。

一个年轻女子走到我们小组中担任行动负责人的男人面前。"我哥哥在哪里？"她问道，"出了什么事？"我愣了片刻才反应过来：她在扮演妹妹的角色。她问出这句话时没有丝毫焦虑感。更像是在说"嘿，你们好啊"。与此同时，我们还能听到从路面的模拟场景中传来N.C.范彻那种撕心裂肺的吼叫。"你们必须找到他！他只是个12岁的小男孩！"这就是实地培训设置的场景感：有一个阿尔·帕西诺①在飙戏，别人都在看有线电视读书频道。

我们组的行动负责人把手搭在那位妹妹的肩头。"是这样的，我们接到报告，这个地区有野兽。"

"什么样的野兽？"说得好像她会回去拿望远镜似的。她抬起一只脚，跨过警戒线，"我要下去找他。"

行动负责人轻轻地按住她的胳膊。"听着，你现在下去可能受伤，我们不希望发生那种状况。我们的战术小组正在下面做菱形安全扫荡。"

我们之前练习过菱形扫荡。四个人背靠背，同步前进，武器待

---

① 编者注：美国著名电影演员。

命。简而言之，就是带枪的人形章鱼组。每个人都要负责检查自己面对的象限区（四个区以钟面时间命名：12点区、3点区、6点区和9点区），如果没有看到危险，就要口头报告"安全"。右侧区域的人也要继续汇报"安全"。如此这般一个接一个，周而复始。这样做不仅可以全方位监察四周环境，还很安全，不会有人无意中把武器指向别人。只要有人发现有险情，就要当即喊出来，两边的人就可以迅速到位，守护两侧。这时，就会有三支步枪待命，随时可以瞄准开火，还有一个人负责照看后方。我们之前练习时，乔尔扮演带来危险的动物。我曾一度期待看到一些表演性的动作，甚至会有道具服装，但他只是走到我们面前说了一声"我是熊"。

我们小组的四个队友保持菱形组合在灌木丛中移动。亚伦爬上一块大石头，负责"制高掩护"，本该是一枪致命的制高形象，却因为他在托着步枪的掌心里塞满了纸巾而有损威仪。我再一次负责现场记录（因为"你是个作家"）。

"熊，3点钟方向！"这只熊不是乔尔，而是栩栩如生的假熊模型，给射箭选手练习瞄准用的那种硬泡沫道具。6点区和12点区的队员迅速聚拢在3点区组员的两侧，他们不用看着地面，脚步在粗糙的地面上滑动，各就各位。他们不约而同地举起武器，有点像跳芭蕾，更像是花样游泳混搭步枪射击，我们能不能把它发展成一个奥运体育项目？

飞快地数完"一二三"，假装向塑料熊开枪。有人高喊需要卫生棉条，激动人心的场面就这样结束了。

警长昨晚射杀的那头狼是个无辜的路人，还是误导我们错失真凶的一种干扰？现在，我们的职责就是厘清这一点。这就是一部野外侦探剧。

本该在睡袋里的受害者——由昨天我们用过的某个人体模型扮演——很快就在山下被发现了，他倒在一片灌木丛中。一个队员假装快速地拍完"尸体"的照片，因为乔尔扮演的那位平易近人的验尸官想赶在中午升温前把"尸体"移走。我们还有机会在停尸房（黄松厅）仔细检查它。

现场一旦被保护起来，就进入收集证据的阶段。各类证据被统称为"证物"，我们在警匪片的固定流程里已能学到这类知识。尸体、睡袋、脚印、爪印、拖曳的痕迹——这些都可作为呈堂证物。要送往实验室的物品被一一编号，先拍照，再放入证物袋中。在发现该物证的地方，会插上印有相应数字的记号旗。我的任务就是在《证物报告》文件中把这一切动作记录下来——对物品的简短描述、编号及其位置——我的字迹难以辨认，可能还会填错地方。

泥地中的动物足迹是熊的。不错，因为我们还没在讲座中学过狼的攻击是怎样的。（因为这种事几乎从未发生过。）

现在，队员们手脚并用，搜寻动物的毛发和血迹。这活儿干起来很不舒服——又热，又乏味，但非常重要。犯罪现场的血迹可以让我们掌握很多信息。血滴在地面上呈圆形，表明符合"重力模式"：血液因其自身的重量从伤口滴落下来。重力模式的血滴呈椭圆形，表明血滴下来时，受害者在奔跑。尾巴像彗星一样被拉长的血迹属于"暴力相关模式"——血是在受到重压的情况下喷出来的，比方说，大动脉受到爪子的挥击或猛力打击。这叫喷溅，而非滴血。

有人发现了一连串的滴血痕迹。乔尔叫我们仔细观察血滴的尺寸。假如沿着这条血迹看下去，血滴越来越小，那就可能不是从伤口滴落的。而可能是从动物的皮毛或是凶手的刀上滴下来的。如果血滴的大小前后一致——"持续失血痕迹"——那可能是"正在失血的人"留下的。血迹模糊表示有一种"接触模式",也许是在受害者跌倒或放下沾了血的手的地方。

当我们确定自己已经把所有能找到的线索找出来后,乔尔伸出手,把一片叶子翻了过来,原来叶子背面有很小的一滴血。我们漏掉了这个细节。其实我们还漏掉了很多——石头上、植物上、地上的血迹。"泼溅模式。"有人自以为是地说道。

乔尔点点头,但又轻轻地补了一句:"是喷溅,不是泼溅。"

血迹和泥地上的痕迹一起讲述了这次攻击事件的全过程。睡袋上的唾液和血迹是刚刚被咬时留下的痕迹。熊把这名男子从睡袋中拖出来、拉进灌木丛中时,留下了拖曳和持续失血的痕迹。当该男子试图逃脱时,泥地上留下了摩擦的痕迹和血迹,接着,植物和岩石上出现了喷溅血迹,也许是熊为了阻止他而下了狠手。如果人死后停置很久,尸体腐烂时产生的化学物质会留下最后的证据,一片污迹,或是植被上发黑的区域,这被称作"分解岛"。这种岛上没有美丽的海滩。

乔尔说,这位受害者受的伤都已复制在一具人体模型上了。模型不在实训现场,但我们会在明天上午的课程上试图建立关联时再细细查看。

就这样,又到了啤酒时段。乔尔把各种道具、证物旗和硬塑料熊归拢好,我们一起沿路返回,各自回酒店房间换衣服。等我换好下楼的时候,我们小组的成员都已聚在二十一点牌桌后面的小酒吧里了,那儿可以看体育比赛直播。他们只想看冰球,埃德蒙顿油人队对多伦多枫叶队的比赛。

"嘿,"我试着寒暄,"多伦多枫叶队(Maple Leafs)的'枫叶'不该拼写成Leaves吗?"事实证明,我没法和冰球迷们讨论语法问题,所以我决定出去散步。最后,我走到了一家坎贝拉猎人户外装备店。我不打猎,但我很喜欢动物标本。这家店里有一个相当出色的山区立体模型,更衣室门框顶部还有一只麝牛头。竟然还有一个"枪支图书馆",我发现里面都是二手枪,而不是书。

柜台后面的男人在等我开口。我就问,这图书馆要不要办张借阅证?"你不能借这些枪,"他说,"都是卖的。"

"这么说的话,根本不算什么图书馆,不是吗?"我看今晚的天都被我聊死了,到此为止吧。

这次,来自犯罪现场的人体模型有些额外的附件。乔尔刚刚把一袋胃容物倒在桌面上 —— 那只胃袋是用泥塑模制的,非常逼真 —— 包括一只耳朵、一只眼睛和一小条带着头发的头皮,头发的款式也很明显:莫西干头。我们在小组中传阅了这些东西。一大清早就干这个活儿,未免太早了。甜甜圈都没人去动。

胃容物与我们这具人体模型的头部缺失的内容相吻合,这表明攻击者确实是熊,而不是狼。莫西干头看似花招儿,但事实证明并不是。乔尔道出原委:我们昨天实地训练的情景是基于真实的攻击事件扮演的 —— 熊是真的,人是真的,莫西干头也是真的。乔尔在2015年调查过这个案件。事实上,WHART特训班里的所有人体模型不仅模拟了真实伤痕,也都有相应的真实受害者原型。

乔尔带来了一些真实的攻击事件的现场照片。有一张拍的是受害者的后背。最大的伤口在臀部,赫赫然、乱糟糟的一大口生猛的咬痕。这名男子睡觉时穿着连身长睡裤，乔尔说，熊拖动他的时候，屁股口袋的翻盖肯定被掀开了。"所以就在那个部位咬了一口。"过了一会儿，乔尔补充道："你们知道有熊爪图案的那种睡衣裤吗? 印在屁股口袋上?"在加拿大，那显然是一种常见的家居服，因为好几个组员都点了点头。"他穿的就是那种睡裤。"

在人体模型的肩膀上有一组清晰的咬痕。从上下犬齿印的位置可知，这人在受到攻击时是仰卧的。据乔尔推测，那头熊凑近了这个熟睡的人，也许舔了他皮肤上的盐分。那人醒了过来，可能发出了一些声音。"所以熊心想，行吧，要么一不做二不休，要么只能逃跑。熊选择了就地了结。"

与此同时，我们还有另一个嫌疑犯，也就是警长到达现场时射杀的那只狼，狼的肚子里有什么呢? 口香糖包装纸和锡纸，没有人体组织或衣物。结案，不需要再进行DNA分析了。

取证完成，确定了是哪种掠食性动物，接下来该干什么? 假如人们没有在攻击现场附近射杀这头熊，它的命运又将会怎样? 后来，凯文·凡·达姆在一次讲座中谈到了这个问题。监狱就不要考虑了。加拿大的动物园不会收留年龄在三个月以上的熊，因为熊总要走来走去，也因为动物园通常都有足够多的熊了。等待它的只能是死刑。"如果一头熊把人当作食物，以后就会再犯，"凡·达姆说，"我当了26年的掠食动物攻击专家。我知道你们中的一些人不同意我的观点，但如果它伤害了一个人，它就只有死路一条。"

正如任何犯罪学家会跟你说的一样，预防胜于惩罚。对两个物种来说，最安全的做法终究是井水不犯河水。别让熊学会把人类和容易得到的食物联系起来。要求有熊出没的地区的居民管好他们的垃圾。告诉他们别再喂鸟，别把狗食放在门廊上。穿连身睡裤的那个男人住在树林里——垃圾车去不到的地方。垃圾可能都堆积在他的拖车外面。狼肚子里的锡箔纸和口香糖包装纸表明，在这片区域，野生动物已经习惯捡垃圾吃了。垃圾本身就是杀手。

第 2 章　**闯空门再偷吃**

　　　　　　如何应对饥饿的熊？

斯图尔特·布雷克是个瘦高个儿。他走路的时候双臂不太摆动，也不背任何可能破坏他在空间中占据的那条直线的双肩包或单肩袋。只要你走在他身后，就肯定会注意到这一点；他大步流星地走过城里的数个街区时，我一直跟在他后头走，所以我知道。他挺英俊的，也挺有风度，但举止略显拘谨。我和他共处的这一整天里，他始终不曾提高嗓门，也不曾摆出值得留意的手势，也没用过一个需要"哔哔"消音的字眼儿。这个人沉着体贴，通情达理。我说这些是为了让你们明白，刚才——当斯图尔特·布雷克说出"你是在开我玩笑吗"，还将双臂伸出来，手心向上，停在半空，也就是一种普世通用的表示恼怒的手势时——我是何等惊讶！

因为我又一次拖后腿了，远远地落在布雷克身后，一开始没看到他眼前的那一幕。现在我看到了：2个满满的垃圾袋被撕开了，食物残渣摊洒在人行道上。现在是凌晨3点半，熊出没的时间；坐标：科罗拉多州阿斯彭市中心餐馆密集区域的后巷。布雷克的运动型多用途汽车（SUV）迫近的声音肯定吓跑了一只正在捡垃圾吃的熊。在论及人熊冲突的语境里，有一个术语指代堆肥和垃圾："引诱物"。阿斯彭市政府有所规定：这两种东西必须保存于"熊罐"——能防止熊偷吃的容器。

"真是没辙儿了。"现在他的声音平静下来了，双手也垂下来，放回了体侧。"我们在这事儿上都砸了几十万了。"这事儿指的是：多年来从多个层面研究怎样才能让处于熊出没地带的乡镇居民正确封存引诱物，以及，封存得好或不好有多大区别。这项工作得到了科罗拉多州公园和野生动物管理局（CPW）的资助，若有熊在扫荡没有安全封存的人类食物，项目组就会接到电话报告；布雷克在科罗拉多州立大学教一门有关人类与野生动物冲突的课程；布雷克的雇主是国家野生动物研究中心（NWRC），其总部设在科罗拉多州的柯林斯堡（Fort Collins）。

国家野生动物研究中心是美国农业部（USDA）下属的野生动物监管服务部附设的研究机构。"监管"对象主要是有损牧场主和农民营生的那些野生动物，"服务"方式通常就是处决它们。NWRC雇佣布雷克就是为了研究出一些不用杀生的替代方式。这份工作为他提供了诸多良机，充分展现他那令人钦佩的沉着秉性。监管服务部里的老派人士讨厌他，因为他破坏了老规矩，还有一些动物权利活动家也讨厌他，嫌他破除陈规的力度不够大。我喜欢他，因为他试图站在中立地带，哪怕那是不可能的。

针对垃圾的研究表明，加强版——可锁定的防熊垃圾桶——可以带来相当大的改变，但前提是人们愿意花点时间把容器正确地锁住。研究期间，某个地区的80％的垃圾桶都按规定使用，共发生了45宗人熊冲突事件。与之相似的另一个地区只有10％的垃圾桶是按规定锁牢的，冲突事件则高达272起。这说明，光有垃圾桶和锁还不够，还需要法规——硬性规定人们正确使用这些设备，并对无视法规的人进行罚款。阿斯彭地区有桶有锁有法规，但当地人始终不情不愿，不肯靠罚款来落实这条政策。尤其是在这儿，在市中心。当地人曾对布雷克说，这几年干预下来，情况已有所好转。

然而，现在看来并非如此。不紧不慢地走进巷子的是一头成年黑熊，内八字走路的样子有几分可爱。布雷克和我都站在他的车旁边，停车地点和满地垃圾约有20英尺远。黑熊慢慢靠近垃圾，在这一刻之前，它眼里只有垃圾，但现在看到我们了。它张嘴吧嗒了几下，这表示它很不安。因为在人迹罕见的夜里，这儿竟有两个人类瞪大眼睛朝它看，其中之一的个头儿不比它矮多少。但另一个事实是：著名的意大利餐厅的厨余就在眼前！对于这种局面，黑熊又思忖了片刻，然后低下头去吃东西。

因为要吃很多才行。现在是初秋，为了储备冬季穴居所需的脂肪[①]，正是一整年里黑熊最有目的、最沉湎于进食的时间。闷头大吃的黑熊每天摄入的热量可高达 20 000 卡路里，是平时的 2 倍乃至 3 倍。黑熊是杂食动物，什么都爱吃；在食欲暴涨期间，聚集的食物来源最吸引它们。因为它们想吸收大量卡路里，但又不想消耗大量卡路里到处觅食。阿斯彭附近的山区始终不乏这种食源：纷纷落下橡子的橡树林，硕果累累的花楸果树和野樱桃树，果实多到惊人的红果树。在 20 世纪五六十年代，滑雪爱好者开始迁居此地。熊从它们的坚果和浆果中抬起头来，纳闷了：怎么回事？有鸟食挂在树梢？还有狗粮坐雪橇来？我都要，请继续。很快，它们就冒险出发，跟着人类走进城镇，因为那儿有人类提供的食物。阿斯彭市中心众多餐馆的后巷就是厨余涅槃的圣地，食源聚集的天堂。

[①] 你可能想知道：靠自身脂肪穴居时，会需要上厕所吗？如果你是熊，那就不需要。冬眠的熊会回收自体的尿液，并形成"粪塞"堵住直肠末端。但幼熊不一样，随它在洞穴里方便。这没问题，因为母熊会吃干净的——可以说是为了清理，但更重要是当作食物吃掉。毕竟，母熊还在哺乳。没错，就在冬眠期间哺乳。黑熊的冬眠不是单纯睡觉，更像是放慢速度，迷迷糊糊的。雌性黑熊会在冬眠中途分娩，这真的挺梦幻的。它们会产下一对幼崽，吃完胎盘，然后继续冬眠，在半休眠半警醒的状态下哺育、照料幼崽，直到入春。有位科学家曾从冬眠的黑熊身上提取血液样本，还说它们没有睡眠呼吸，窝也不臭。冬眠的黑熊闻起来有种树根和泥土的味道，仅此而已。

布雷克用胳膊肘推推我。又有一头熊走进了巷子，这只毛皮颜色更深，个头小了一号。颜色较淡、已占据主场地位的那头熊扭头看向后来者，发出一声低沉浑厚的吼叫。你可以吃那些莴苣菜心和菠菜粉团，但别靠近我这份香烤有机斯库纳湾鲑鱼。

布雷克举起手机，拍了张照，这可惊到我了。要知道，这个人为了更换追踪颈环，可以不动声色、"例行公事"地徒手捅进一只冬眠的黑熊的怀里。搞了半天，他并不是在拍熊。他是在拍讽刺的画面。"你瞧那只盖子。"他把手电筒对准了一只倾翻在地、带滚轮的堆肥桶，桶口敞开着。注塑成型的硬塑料盖上印着一张熊脸，离装饰性的熊脸仅仅几英寸^①的地方就是一张真正的熊脸，它正在享受这只防熊容器里的美食，容器是经过认证有效的，却最终没能防住熊。

"它们把桶扑倒，"布雷克说，"盖子就弹开了。"

也可能是因为卡口锁止装置毁坏了。那天早些时候，我们在这条巷子的深处看到过另一只相同型号的堆肥桶没扣紧，就是因为锁坏了。布雷克走上前，掀开盖子就看到五十只散发恶臭的烂香蕉。"务必上锁，"桶身上的贴纸苦口婆心地声明，"小小一道锁，决定熊的命。"走进下一条巷子后，布雷克引导我走到一只没盖盖子的大桶前，桶里装着用过的烹饪油。那只桶足有饮水机那么高、那么粗，而熊有时真的就把它们当饮水机用。布雷克曾见过沾着油的熊爪印，一步一步走出小巷。

阿斯彭市有关固态垃圾的法规第12章第8节题为"野生动物

---

① 编者注：计量单位，1 英寸约等于 2.54 厘米。

保护"，其蓝本是附近的雪堆山上的滑雪和山地自行车度假村里的同类法规。相似之处显而易见。雪堆山动物监管服务及交通管制部门有2位负责人：蒂娜·怀特和劳伦·马丁森，他们办这件事是下狠手的。昨天我们见面时，怀特告诉我："每一个人都吃过我们开的罚单。"最近，她用西班牙语为各个餐馆的厨房工作人员们做了一份幻灯片演示文稿，很多在厨房干活的人都不曾意识到：假如人们不仔细锁住垃圾箱，熊开始扫荡垃圾，那些熊的下场会怎样？她的努力没白费。这些年来，雪堆山没有发生过熊惹麻烦的事，用怀特的话来说就是"根除隐患"。我去那儿做调查的时候，阿斯彭当年发生了9起熊惹事的案子。不过，阿斯彭的人口是雪堆山的3倍，餐馆数量则是4倍。

负责处理阿斯彭市内垃圾违规行为的动物攻击反应社区小组共有5人。昨天上午，我和布雷克在阿斯彭警察局的一间会议室里见到了小组代表：查理·马丁。查理穿着黑黄相拼的制服，袜子上有交替出现的彩虹和独角兽图案。我对袜子评点了几句，他神秘兮兮地回道："今天不是星期五，我不用骑车巡逻。"查理及其团队本来就忙得火烧屁股了，不仅要处理与熊有关的垃圾违规行为，还有一大堆事都归他们管——交通违规、狗叫、停在建筑工地空转的车辆、911报警电话、传播狂犬病的蝙蝠、失物招领、人行道积雪、借电启动汽车、车辆熄火、社区野餐以及清除道路上的死鹿。

对于厨房后巷的情况，查理流露出一丝自我辩解的口吻。"我们今年已经开出了将近1万美元的罚单。"针对垃圾桶不上锁、堆肥不加封存的情况，将施以250美元到1 000美元不等的罚款。如此说来，我和布雷克一天之内就能把他说的一年的总额罚光。只不过，正如查理指出的那样，靠罚款很难坚持下去。查理说："你会发现很多用户共用一只垃圾箱，"他指的是公寓楼和餐馆后巷的大型垃圾箱，"你给某人开罚单，他们会说'是别人干的。我们晚上10点丢完垃圾后是把箱盖锁好的。你要罚我就得向我证明——是我丢完垃圾后没锁好箱子'。"

根据法律规定，阿斯彭市的垃圾废物管理公司必须给每个堆肥和垃圾容器编号，管理数据库，将这些编号与负责保管容器内物品的个人或公司对应起来，只要没有保管好，就会被罚款。阿斯彭市与其中五家公司签了合约，但似乎没有哪家公司建起了这样的监管系统。（雪堆山的管理部门是亲力亲为的。蒂娜·怀特甚至乐于爬进垃圾箱，在垃圾袋里翻找有名字和地址的邮件。她听说，当地人会骂她和劳伦是"熊娘养的"。）

在试图改用防熊垃圾容器的社区里，你会发现这种情况屡见不鲜。一般来说，垃圾管理公司非常介意他们的底线会不会被打破，但不太关心熊的"福祉"。垃圾箱需要匹配卡车后头的升降机，也就是说，公司不仅要负担垃圾箱的费用，还有新卡车或改装卡车的费用，不管是买新车还是改装旧车，能省则省，能赖则赖，谁也不想花这笔钱。而且，接听熊骚扰事件报警电话的人并不是起草条例的人，也不是经营垃圾公司的人。所以就乱成了一锅粥。

今天下午，我们在小巷里闲逛时，布雷克瞅了瞅一只标有"仅限纸板箱"的垃圾箱。箱底有一些炸薯条、一只橄榄和几片捏过的柠檬片。市政法规没有规定可回收垃圾箱必须设有防熊措施或必须上锁，甚至都没说必须有盖子，所以大家经常把垃圾袋扔进去。

住宅区呢，房主会把房子出租给度假者，要么是房东没有仔细告知房客，要么是房客听完就忘，或是压根儿没把垃圾规范放在心上，各种问题就会层出不穷。

查理同意布雷克的观点，也认为阿斯彭市需要进行全面整治。要把市中心的堆肥和垃圾箱上坏掉的防熊设备都换新。还要解决多人共享垃圾箱带来的漏洞。最重要的是，阿斯彭市需要雇佣足够多的工作人员来处理这些事情。

其实，布雷克补了一句，这对阿斯彭市来说不算特别沉重的负担。这个县市的亿万富翁和熊的数量一样多。科赫兄弟在此置业、贝佐斯的父母安居此地、劳德家族的兄弟姐妹，这里的财富来自石油、对冲基金、化妆品公司、科技新贵、内衣品牌、锡箔产业、口香糖工厂。布雷克认为，这可能反而造成了阿斯彭地区的执法力度不够，因为市议员们都不得不向这些显赫的居民俯首称臣。

当然，经营这些餐馆的并非这些亿万富翁。餐馆后巷的事恐怕还是查理的错。"我也住在这个城市，"我们聊到一半，他突然说道，"我也想下馆子吃顿好的啊。但我刚刚给了他们一张1 000美元的罚单，还怎么去他们的餐厅？"阿斯彭需要几个"熊娘养的"。

颜色较浅的熊正在啃一条蟹腿，它的同伴则用鼻头在卷心菜叶里拱来拱去。"这两只熊刚刚学到了什么？"布雷克自问自答，"就算有人站在旁边看着我，我也能优哉游哉地吃垃圾，什么麻烦都不会有。"布雷克刚加入国家野生动物研究中心时，在优胜美地国家公园①做了一些关于人熊冲突的研究。他说，公园刚开放的早

---

① 编者注：指的是约塞米蒂国家公园（Yosemite National Park）。

年间，工作人员会在垃圾场周围搭起露天看台，架上灯光，让游客付费观看二十多头黑熊大快朵颐、相互推搡。

此刻，我们就好比是露天看台上的观众。对这两只熊而言，我们稍稍助长了一种心态：不用太担心人类。结果呢，它们下次蹚进小巷的时间可能就更早一点，或者在原地逗留的时间更长一点。很可能，它们的下场会和316号牛排馆后门垃圾箱边尽享美食的那只熊一样。不久前的一个晚上，牛排馆的经理罗伊出来赶熊。因为垃圾箱嵌在凹洞里，这只熊三面被围，虽想逃跑，却没出路。堪比第四面"墙"的就是罗伊本人。既然只有一条路可以闯，这只熊就猛地一扑，用查理的话来说是"一口咬住了罗伊的屁股"。根据卡尔加里大学名誉教授、熊类攻击研究者斯蒂芬·赫雷罗的说法，90%伤人的黑熊都属于已经习惯人类的熊，具体来说就是习惯了人类的存在，不再对人类有恐惧，并对人类的食物产生了好感。

依据罗伊对那只熊的大致描述，人们搜寻并诱捕到了它，最后它因伤人而被捕杀。（我实在想不出来，除了"毛色深黑"和"块头大"，你还能怎样描述一只熊？不过，罗伊裤子上的唾液中的DNA确实匹配那只熊的。）

罗伊和他的员工本应该更小心地锁好垃圾箱，那就不至于屁股被咬。那只熊被处决后，一些市民聚集在牛排馆外举行了抗议活动。人们不希望因为别人的疏忽而令熊丧命。就算要惩罚，他们也希望用温和威慑的手段驱赶它们，或是把它们重新安置在别处——关于如何处置"与人类有冲突的熊"，你最常听到的就是这两种非致命方法。（还有用电网的方式，但那看起来太像监狱式的囚禁，搁在居民区就太扎眼了。）

温和威慑，是指人为制造一种恐惧或痛苦的感受，以使动物将这种不适感和发生地点、或正在进行的行为关联起来，从而避免以后再有这种体验。就拿我们眼前的这两只熊来说，你需要在凌晨时分派个人守在巷子里，带上某种不太会致命、但会带来不适感的工具①，很可能是发射橡胶子弹的手枪，或是装满豆子的布袋。如果你和我一样是新手，对执法操作一无所知，出现在你头脑中的"布袋"大概是从远处隐蔽的地方扔出来的五颜六色、手工缝制的小玩意儿，或是小丑玩的杂耍把戏。实际上，这些豆袋很小，也就一个核桃那么大。它们不会砸穿皮肤，也不会钻进体内，但可以迅猛有力地砸中动物。

"温和威慑根本解决不了这个问题。"布雷克说道。个头较大的那只熊把垃圾袋撕得更大些，更深地埋头进去吃。"好处太多

---

① 泰瑟国际公司曾在短期内销售过一种野生动物泰瑟枪:X3W，有些人认为这种枪有望成为实施温和威慑的工具。购买这种设备的人大都希望能在野生动物身上实现用泰瑟枪打人的效果，亦即自身遭受威胁的情况下，无须发射致命武器就能反制对方。公司代表告诉我，这款产品卖得很不好，一来是因为贵，二来是因为它只对非常高大的哺乳动物有效，比如驼鹿，或是用后腿站起来的熊，而且射击距离仅限 25 英尺内（否则两支探针中向下瞄准的那支就会击中地面）。推动 X3W 面世的是一头受惊的驼鹿，它那几只新生的小鹿卡在敞开的房屋地基里了。这头驼鹿追到阿拉斯加渔猎部的拉里·刘易斯和一名州警后头，围着巡逻车跑了三圈，这时，州警掏出了他的泰瑟枪。驼鹿被击晕，醒来后就跑了，刘易斯这才得以把几头小鹿安全地移出地洞。刘易斯为此惊叹不已，遂联系了泰瑟枪的制造方，与他们合作设计了一款针对野生动物的型号，并在基奈驼鹿研究中心（"驼鹿科学的全球先驱"）进行了安全测试。结果显示，泰瑟电击枪对动物的打击力度比镇静剂小，也更安全，因为完全不存在因药剂过量而处决动物的风险。（飞镖里的药剂填充量是根据动物体重估算的。）因此，当局面迅速发生变化，生命受到威胁时，或是当驼鹿"头上卡着一个喂鸡器"时——这是刘易斯为《阿拉斯加渔业和野生动物新闻报》提供的案例——作为一种替代方案，泰瑟枪似乎颇有前途。

了。"温和威慑有没有用，取决于风险和利益的博弈。这些熊已经知道来这条巷子可能会收获高热量食物。与这个级别的热量相比，再被豆袋打一次屁股也值得，风险低于利益。"而且，附近还有太多别的好处，"布雷克接着说，"如果你在这里对这些熊进行温和的威慑，它们只需要跑到下一条巷子里去就好了。"

就算温和威慑的方法起效，通常也不能持续很长时间。2004年，内华达州专攻野生动物的生物学家做了一组测试，评估在城镇地区对黑熊进行骚扰和威慑的有效率。用橡皮子弹、胡椒喷雾和嘈杂声威慑第一组黑熊，除此之外再加上一条吠叫不已的卡累利阿熊犬去威慑第二组黑熊。作为对照的第三组没有受到任何恐吓。三组熊都会重返此地，就离开的时间而言，前两组并没有比第三组等更久再回来，差异很不明显。到最后，测试追踪的总共62头熊中只有5头熊没有再来，别的熊都重返此地，其中70%的熊不到40天就回来了。

曾有一段时间，熊常常闯入停泊在优胜美地露营区里的车，布雷克不知道在多少个深夜里对熊实施过温和威慑。2001—2007年期间，共有1 100辆车遭过"熊劫"。（小型厢式旅行车的概率最高。当然，这可能是车体构造的缺陷所致，但布雷克坚信更重要的原因在于这种车载送的人群及其物件：孩子，很多的孩子，溢出的果汁，掉落的面包屑，被踩在脚底下的薯片。他猜想，熊瞄准的就是这类"微型垃圾"的气味。）事实证明，再怎么威慑驱赶都是徒劳的。"只要知道车里有什么好东西……它们才不管呢。"而且，熊很快就能认出布雷克卡车的声响了，一听到卡车过来，它们会先撤离，等卡车远去，它们再回来。

结果呢，闯门劫车的主犯还不到5只熊——母熊及其幼崽。这种状况非常典型。从今年年初到我来调查的九月之间，雪堆山发生了60起熊闯空门事件——或从没锁的门、或从窗户溜进民宅。野生动物摄像头只拍到了4只熊。明尼苏达州自然资源部的一位熊专家戴维·伽什里斯跟我讲过一件事：有一次，他接到国民警卫队营地打来的电话，说有好多熊在争抢码放在营地里的MRE军用口粮①，显然，熊比士兵更爱吃这玩意儿。警卫队告诉他，大约有100只熊在扫荡这些物资。"那个人说：'我要带你过来看，你可以看到对面的山脊，密密麻麻都是熊窝。'我当时心想，'听起来也太酷了吧！'"其实呢，那些所谓的熊窝只是自然景观，而所谓的"100只熊"实际上就只有3只。

好极了，如此说来，只要逮住那几个土匪，把它们移送到森林深处，你的麻烦就解决了，不是吗？不好意思，转运大法也很令人失望，你得接受这个现实。成年黑熊很少在它们的放归之处停留。它们会直奔老家，为此可以跋涉142英里——有一个案例中的熊甚至还在大海里游了6英里。这是了不起的壮举，因为，熊毕竟和迁徙的鸟类不同，不能依靠体内自带的磁场小装备帮助它们确定方向。我们至今不得而知，熊是不是靠感官感受为线索——比如说海洋的气息，或是机场的声音——还是仅仅靠锲而不舍的劲头：一次次尝试不同的方向，直到有了某种熟悉感？但我们知道它们动机明确，而且擅长此道。

在2014年的一项研究中，科罗拉多州公园和野生动物组织

---

① 编者注：美国口粮简称 MRE，是 "Meal, Ready-to-Eat" 的缩写。

转运了66只与人类有过冲突的熊，并给它们戴上了无线电颈环。33%的成年熊回到了它们被捕获的地方，但没有一只亚成年熊做到这一点。这些统计数字看上去还挺鼓舞人心的；不过，假如你把"返回"定义为"失败"而非"成功"——毋宁说是在新家过了一年，画面就不那么美好了。被转移到他处的黑熊经常在附近徘徊，转悠到新的城镇，故伎重演，惹出同样的麻烦。超过40%的被转移的黄石国家公园的黑熊、66%的蒙大拿州的黑熊都在两年内再犯：卷入新的"骚扰事件"。优胜美地公园的护林员们也曾把那些硬闯汽车的黑熊转移到公园的另一边。结果呢：公园的另一边发生了同样的熊劫车事件。

还有一个因素会在很大程度上影响这种决策。如果动物被转运到新地点后，有人在新地点受到它的严重伤害，转移它的机构可能要承担部分责任。亚利桑那州渔猎局转移过一头熊，之后，那头熊在露营地袭击了一个年轻女孩，最终以450万美元的赔偿达成庭外和解。

戴维·伽什里斯与人和熊共事将近40载。我在电话里问他对异地安置有何看法。他说："人们都觉得这是善举，但我不确定从根本上说是不是好事。"通常，惹出麻烦的都是带着幼崽的母熊，因为它们最需要食物。"母熊本来生活在自家领地内，教孩子去哪儿觅食。现在，你突然把它转移到一个它完全陌生的地方。那儿还有很多它不熟悉的熊，为了食物和那些熊竞争。你是把它们空降到了一个它们非常陌生的社会体系里。"华盛顿州研究熊的生物学家对美国48个野生动物机构进行过调查，75%的机构说他们时常转移惹麻烦的熊，但只有15%的人认为这种办法能有效地解决问题。通常是在事件被高调宣扬的情况下——经由媒体渲染，惹麻烦的野生动物和相关机构成为大家关注的焦点——才会采取这种举措。总的来说，异地安置作为一种管理手段，与其说对熊有用，不如说更能有效地安抚公众。

最有希望"改过自新"的对象是在其"犯罪生涯"早期就被移运的幼熊。一部分原因是1岁左右的小熊没那么愿意，或是不太能够找回自己的老家，但主要还是因为——埋头翻垃圾桶实在只能算入门级犯罪。进阶版是破门而入、入户盗窃、连吃带拿。吃垃圾的熊慢慢习惯了人类，当它们开始把人类和"意外收获的美食"联系在一起后，风险和收益的权重就会随之改变。感知到的风险越来越少，可期待的获益越来越多。为什么只满足于餐馆后巷的大铁桶呢？为什么不钻进山上那些飘出诱人食物香味的大铁箱子？4月，冬眠期结束，科罗拉多州公园和野生动物管理局已接到了421通电话，报告的都是皮特金县的熊在追索人类食物时造成的财产破坏。这些电话大多都是野生动物分部经理柯蒂斯·特施接到的，布雷克和我明天将与他见面。

颜色较深的那只熊恐怕是烦透了被另一只气势汹汹的同伙再三骚扰，索性抓起一只袋子，一路小跑，上了几个台阶。我们跟着它，拐了一个弯，来到一家光鲜亮丽的小型购物中心的地面楼层。搁在平日里，我要是看到这种奇观——一头熊站在路易·威登专卖店前——肯定乐不可支。但这可怜的家伙鼻尖挂着乳酪的残渣，天真无邪，完全没有意识到自己可能遭受怎样的命运安排，这让我想哭。

柯蒂斯·特施有很多关于熊的故事，但也许会超乎你的预料。让他难忘的不是熊展示的蛮力或暴力，而是智慧，以及出人意料的、偶尔展现出的"轻盈感"。有一只熊剥开了好时巧克力外的锡箔纸。还有一只熊直立站起,抓住门的两边,直接把门从门框里移了出来,然后小心翼翼地把它靠在墙上。

"它们会伸手从冰箱里拿东西,比如鸡蛋,然后放在一边,一个鸡蛋都不会被弄破。"当时我们正在路上,要去公路山脊边的一个案发现场,那里出现了熊破门而入的事件。我和布雷克坐在柯蒂斯驾驶的轻型货卡里,车是管理局的,引擎轰隆隆,车里的杂物乱糟糟,车身倾斜着绕过每一个弯道。任何一个鸡蛋在这里都撑不了多久。

今年的黑熊不同往常,把柯蒂斯忙得团团转。照理说不该有这种情况,因为这个春天雨水很足。有一种观点认为,人熊冲突会因干旱而明显加剧,雨水充沛的话就不会。但去年非常干燥,柯蒂斯说他听过一种说法:干旱会刺激一些植物产生过量的繁殖物,也就是果实——水果、种子、浆果、橡子,到了第二年产量就会减少。"植物觉得自己快死了,就拼命传播它们的种子。然后,雨水够多的年份到来时,它们更关心自己的生长。"我不知道这是不是该地区的情况,但我很喜欢这种树木的世界观:既有近忧,又有远虑,做事分轻重缓急,为自己的消亡提前做好计划。

坐在后座的布雷克提供了另一种思路,他认为气温普遍变暖缩短了熊的冬眠时间,也是出现这种状况的原因之一。在2017年的一项研究中,他和6名管理局的生物学家对51头成年黑熊进行了跟踪,给它们戴上了无线电颈环,监测了冬眠的起止时间、持续时长和环境因素。气温每上升1.8华氏度^①，冬眠时间就会缩短一周左右。根据目前的气候变化来推断，到了2050年，黑熊冬眠的时间将比现在少15~40天。这意味着它们在户外觅食的时间也将增加15~40天。你可以把"熊闯民宅案件增加"列入气候变化可能带来的后果清单里。

食物供应也会影响冬眠。在食物充足的年份里，熊的冬眠时间会缩短。对一头已然依赖人类提供食物的熊来说，每一年都是丰收年。布雷克发现，主要在城区觅食的熊的冬眠时间比在自然环境中觅食的熊少了整整一个月。食物充足带来的另一个令人担忧的后果是繁殖率上升。雌性黑熊有一种"延迟着床"的繁殖选项。受精卵成为细胞群，称为囊胚，可以在子宫内休眠一个夏天。到了秋天，胚胎是否着床，以及有多少个受精卵着床，都取决于母熊的健康和饮食状况。

我们已到达目的地，行驶在车道上了。从车道看过去，这房子也就正常大小。但事实证明，那只是因为我们看到的大部分是车库。这栋豪宅沿着山坡而下，两层，三层，我根本不知道到底有几层。布雷克下了车，走到柏油路的边缘。我以为他是在观景，等我走过去才听到他在报名字——房子周围的野生灌木和树木的名字——唐棣、野樱、橡木，换言之，都是黑熊会吃的东西。

"没错，"柯蒂斯说，"这里是科罗拉多州最好的熊类栖息地。是我们搬进了它们的栖息地。你懂吗？"和我们在一起的时候，柯蒂斯全程都戴着橙色的镜面反光墨镜。他的头发颜色很浅，体格

---

① 编者注：计量温度单位，1华氏度约为–17.22摄氏度。

健壮，下颌轮廓很好看。

房主出城了。看房子的人叫卡门，是她发现了熊闯入事件并报了警，警察再把电话转给了柯蒂斯。卡门带我们进屋，带我们下楼，到达熊闯入的地方：那间卧室里有一面从地板到天花板的玻璃窗。她说落地窗是锁着的，但熊可以把爪尖楔入窗框上的任何小缝隙，把锁舌撬出来。一扇室内纱窗倒在地毯上。落地窗是白色的，但没有留下任何熊的痕迹。卡门说，它上楼去冰箱偷东西吃的一路都没有撞倒或砸到任何东西。你简直会有一种错觉——假如你往它手里塞一支拖把，它就能把厨房地板清理干净。

这只熊让布雷克想起了他做研究时闯入阿斯彭市某户人家的那只熊。他们给它起了绰号："肥佬艾伯特"。"它就是一副懒洋洋的样子。轻轻打开小木屋的门，走进去，吃点东西，然后离开。人们会很惊讶，'哇哦，它完全没有破坏我家。'这就是它很胖、而且还活着的原因。人们更能宽容这样的熊。把民宅毁得乱七八糟、有攻击性的熊，或是以其他方式让房主感到被侵犯，乃至有生命危险的熊，都会很快被人打'趴下'。"——这是布雷克的原话。好处在于，假如可以用"好处"这样的词，那就是自然选择青睐"肥佬艾伯特"这样的熊。攻击性强的熊很可能还没机会传播自己的基因就被制服了。

"肥佬艾伯特"这样的熊越来越多的话，人熊共存会成为一种终极可能吗？甚至可能变成一项规则吗？我们和出没后院的熊，能像我们和浣熊、臭鼬那样和平共处吗？我向太浩湖地区的加州鱼类和野生动物部（CDFW）的熊专家马里奥·克里普提出了这个问题。他说在他所在的这个地区，许多人已经这样做了。比方说，房主夫妻在屋后的休息平台下发现了一头熊，他们未必会打电话给鱼类和野生动物部，而是致电"熊联盟"，一个当地保护组织。"联盟会派人爬到平台下面，用棍子戳它，让它走开，然后帮你用木板把这个空间封起来。"

克里普一直致力于与熊联盟共事共存。他指出一点，"联盟填补了一个空白地带"。越来越多的人希望对闯入民宅的熊采取非致命的举措。而且不仅在加利福尼亚州。戴维·伽什里斯在明尼苏达州东北部乡村，那里的大多数人都有枪，法律允许——甚至鼓励——他们用开枪的办法解决惹麻烦的熊。"我在这里工作已经36年了，"伽什里斯告诉我，"我能感觉到人们对熊的态度发生了天翻地覆的变化。"

如果野生动物管理者什么都不做，不再把那些已成惯犯的熊置于死地，又会怎样呢？人们担心的是：那些熊的幼崽学会潜入民宅，再把这种技能一代一代传下去。只要闯民宅事件增多，人们的容忍度就会相应降低。正如伽什里斯所说，"你的厨房里有一只熊时，你很难做到宽容"。

回到楼上，卡门描述了她发现熊时的场景。那只熊显然是直奔冰箱。它拉开门，拿出一桶农舍干酪，风卷残云地吃了几大口，然后打破了一瓶枫树糖浆和一罐蜂蜜，舔了个精光，然后继续，瞄上了冰箱里的一品脱①哈根达斯。（"皮特金县的熊一贯喜欢高级品牌。'西式家庭②'牌冰淇淋它们碰都不碰。"这是来自蒂娜·怀特

---

① 编者注：容积单位，1 品脱约为 0.568 升。
② 编者注：北美著名冰淇淋品牌。

的评点。)

我们背后有一扇通向另一个户外平台的对开法式门。卡门发现门开着,心想入侵的家伙大概就是从这扇门出去的。法式门的把手,无论上锁与否,对黑熊来说都很容易打开,因此被称为"熊把手",是当地建筑法规禁止使用的。但人们喜欢这种样式,自己动手拼装家具的人要么不知道、要么不在意这类建筑法规的细枝末节,柯蒂斯走到哪儿都能看到这种门。空心门把手也是禁止使用的;熊可以用牙齿咬住它们,再转动,易如反掌。(有些商家的产品甚至会让这件事更容易达成。自动门也会为熊敞开。)

柯蒂斯认为,我们看到的可能是两只熊的杰作。第一只熊进来和出去都是从楼下卧室的窗户,而另一只熊是爬上平台的法式门,闻到或看到了门内第一只熊扫荡冰箱的残局。他的推理基于一个细节:卡门发现状况时,法式门是向内打开的。他说,熊为了出门而把门往内拉开,这种做法是不太寻常的。也有可能是同一只熊两次作案,重返现场。柯蒂斯说它们经常重返,至少回来一次。

像人类窃贼一样,熊通常是在房主不在家时摸进来。阿斯彭市有很大比例的房产会在一年中的部分时间作为度假屋出租,因此,熊很容易找到空房子。有些熊胆子更大,闯空门就会升级为入室盗窃。柯蒂斯说,熊经常在人们睡着的时候进屋,特别是有人因为天热而把窗户打开的时候,或是推拉门没上锁。也有些时候,住户并没有睡着。"我们碰到过这种情况:有人还在餐桌上吃晚饭呢,熊就走了进来,抓起桌上的食物,再跑出去。我们也遇到过熊把门或窗整个儿扯掉的状况,一家人就在屋里,都跑到卧室或浴室里躲起来了。"

柯蒂斯把自己的名片给了卡门，还告诉她，如果房主想设置一个活陷阱，就让他们给他打电话。她没问他如果陷阱捕到了熊，熊会有什么下场？科罗拉多州公园和野生动物管理局采取"双振出局政策"，很多州立野生动物机构也都这样做。如果柯蒂斯接到一个电话，说有熊在某人的垃圾堆里探头探脑，或在后院溜达，假设他试图诱捕它，并且成功了，他就会给它贴上耳标，把它带到树林里，放它走，希望它别再回来。（陷阱留在原地的时间不会超过三天，以降低捕错熊的概率。）十有八九，陷阱里空空如也。"我们不能像以前那样轻易捕到它们了，"柯蒂斯后来坦白了，"我不知道是它们变聪明了，还是有别的什么原因。"

闯入这栋大宅的熊暂时不会被判"双振出局"。因为它闯入了上锁的窗户，而且很可能会再犯——如果是母熊，还会教它的小熊这样做——那样的话，机构才会认为它威胁到了公共安全。柯蒂斯说，人们常常不肯报告自家遭遇了熊闯入的事件，因为他们知道他们这一通电话可能会让某只黑熊被判死刑。黑熊是一种特别招人爱的动物，虽然这么说有点荒唐。孩子们有泰迪熊——而不是泰迪山羊，或泰迪鳗鱼——这是有道理的。

"所以，假如你要诱捕这只熊，接下去会怎样？"我们现在钻回车里，准备回城。我注意到车门置物架里有一只棉绒滚筒，好像时不时会有熊坐在副驾座位里。

"你捕到熊、并把它移走之后，"柯蒂斯说，"就会注意到这个地区的闯空门案略有减少。也就那么一小段日子。到最后，总会冒出另一只熊来接班。就这样。"

"这只能算临时解决方案，"布雷克说道，"就好比修剪草地。"

我并不想听这些回答。我更想问的是关于"捕杀"的问题。我打算问得更直接一点。"说起来，让一只熊趴下应该不太好玩吧。"捕杀，打趴下，所有这些都是委婉用语①。我们是在杀动物还是在玩游戏？

"不，绝对不，"柯蒂斯言之凿凿，"上周我不得不捕杀一头母熊和它的幼崽。"那对母子熊已多次闯入民宅。"那可真心不好玩。一点都不。"我们陷入了冷峻的沉默，一路行驶，只有对讲机断断续续地发出一点儿声响。

"上周那次，"柯蒂斯补充了一句，"我一直在纠结到底该怎么操作。我不想先把小熊撂倒，让它妈妈在旁边看。我也不想先把母熊撂倒，让小熊在旁边看。到最后，我先用飞镖让小熊昏睡过去。然后杀了母熊，再趁着小熊睡着时动了手。这样一来，它们娘儿俩谁都不用看着谁倒下。就这样。"

柯蒂斯用"就这样"收尾，言外之意是这份工作会带来诸多挫折，一言难尽。冷漠的业主们不屑于遵守法律。有熊越界、进屋捣乱后，他们只会怨声载道，把它赶跑。政府机构宁愿推卸责任，也不肯多花一毛钱。

我试想了一下，假如我住在我们刚刚去过的那栋大房子里，我

---

① 我理解，有些负责捕杀的人时常需要用这些委婉的说法来指代杀生，他们不想说出"杀"这个词。杀字自带凶杀嫌疑。替代用语数量之多，恰恰表明大家在心里一直很纠结，在很长一段时间里都在努力寻找更妥善的方法。我收集了一大堆这样的词组：动手、夺命、送西天、消灭、合法清除。作为一个文字工作者，"安乐死"这个词会让我无法直视，哪怕它意味着缓解痛苦；而"收割"听上去更别扭，野兽好像变成了玉米。我还听人说过"使用致命武力"，似乎更像是特警部队的行动或动作片电影。

看到熊那么轻而易举地进屋来，我会有什么感受。我问柯蒂斯人们通常会有哪些反应。"有些人会被吓到，"他答道，"有些人心大，根本不在乎。"到目前为止，这个地区还没有出现熊闯民宅导致人死亡的事件。总体而言，黑熊不算太有攻击性的动物。但我还是很惊讶，要知道，人类窃贼破门而入的案件中时常发生这种情况：房主或房主的狗惊动了小偷，房主和狗、或只有狗去追，小偷惊慌失措之下处决了房主；但在这里，这种事从未发生过。

"哦，迟早会有的。"柯蒂斯说道。黑熊的攻击性未必比浣熊更强，但黑熊比浣熊大多了。

假设我们接受这种风险呢？假设我们主动选择与偶尔出现在厨房的黑熊一起生活，还接受某人某时可能会被某只黑熊害死？飞机时不时坠毁，造成人员死伤，但飞行是被容许的。两者的区别之一在于航空公司的销售额涵盖了诉讼和保险费用。熊类造成人类死伤时，国家野生动物机构可能会被追究责任，但熊和飞机不同，熊没办法带来足以支付费用的收益。最近就有两起诉讼案，一起发生在犹他州，另一起在亚利桑那州，都涉及支付大笔赔偿金给受害者家属。监管机构早已知晓这只熊在该地区出没，但他们没有设置陷阱，而是选择了监测动态。

布雷克摇下车窗。"所以，你考虑这些事时不得不先考虑这些限定条件。"

远离后巷，阿斯彭市就是个风景如画、清新质朴的好地方。有多少扇窗户，几乎就有多少只挂窗花箱，虽然此时已近十月，我却没看到窗花箱的任何花草枯萎，连褐色的疲态都没见过。这俨然是在表态：这个小城如此富庶，权力在握，就连自然法则也只好耸耸肩，俯首臣服。鲜花在秋天盛放，女人越老，头发越有灰金色的光泽。

在我眼里的美好万物，在布雷克看来却都是诱引物。"就在这儿？"布雷克朝我们头顶指了指，人行道旁种着一排小树，当时我们正在找地方吃午餐，得觅一家我们吃得起的馆子。"野苹果。这座城市竟然栽种了野苹果树。"人们特别喜欢这种树，春天开花时，桃粉色的花朵缀满树枝。但花朵随后就会变成小苹果，黑熊喜欢从树枝上把它们一口咬下来，俨如卡通片里的皇帝提着一大串葡萄。黑熊经常在中午时分出现在阿斯彭市中心，以至于市政府通过了一项法令：假如你无视在一旁值勤的管理局执法人员，直接走到黑熊面前自拍，你的行为就属违规，将被开罚单。柯蒂斯的前任官员曾试图说服市议会换掉这些野苹果树，可惜没有成功。我回到家后，刚巧看到名为"阿斯彭乔木"的官网，介绍了居民区有哪些行道树、种植情况如何。推荐种植的树木包括野苹果树、橡树、野樱桃树和花楸树。我犹豫了一下要不要告诉布雷克？我猜他要是知道了，准保气炸。

我们找到了一家价格适中的餐馆，而且不在因垃圾处理不当而被罚款的十八家餐馆之列，也不是在本周《阿斯彭时报》上当众出丑的那一家。我写了一个问题清单，问题基本上可以归结为：这里正在发生什么状况？有没有解决方案？我们开车回城时，我重提柯蒂斯之前对我们说过的一个推断：因为之前用投票方式否决了科罗拉多州的春季猎熊（因为这会使幼熊成为孤儿），结果才导致人熊冲突事件增多。布雷克说他也常听到这种说法。"很多狩猎组织、公园和野生动物管理组织的人都认为，打猎是解决人熊冲突唯一的办法。可是，没有充分的科学依据能说明：降低熊的总数就能减少冲突的次数。"

首先，他说，猎人去的地方并不是这类冲突发生的地方。"狩猎配额是根据狩猎管理单位来设定的。"我没有听清所有细节，因为我们旁边的大餐桌上有人在讲八卦，一堆名人的名字如雷贯耳，吸引了我的注意力。所以我只听到，"狩猎管理单位包括阿斯彭、雪堆山、卡本代尔……""瑞茜·威瑟斯彭……""他们会说，'好吧，在这个单位内，允许捕获多少头——'""所以呢瑞茜就……"

布雷克认为，狩猎确实会在一定程度上改变猎物的行为方式，会让猎物持续地恐惧、回避人类。但科罗拉多州仍有秋季猎熊活动，所以他不认同减少狩猎是人熊冲突增加的一个原因。

值得一提的是，柯蒂斯的工资——和州立渔业和野生动物机构预算中的大多数项目一样——有一部分来自于购买渔猎许可证的费用和设备税。"我这么说并不是要批评这种模式，"布雷克说，"但你必须意识到，讨论这一切问题都要基于这个现实。"

我懂。但总觉得有点不爽。为了写这本书，在做调研的过程中，我在这些机构里遇到了很多善良又智慧的专业人士，他们都把保护人类和动物视为己任。然而，鉴于财务模式是这样的，我们很难抛开一种纠结感：机构权衡时总有优先考虑的问题。在很大程度上说，运作经费来自于渔猎者，因而，管理机构很难赢得其他人的信任。（还会引申出自相矛盾的广告语，诸如"关爱内华达州的野生动物……请购买渔猎证"。）

布雷克抖开他的餐巾纸。有一项法案正在等待国会通过，将为野生动物机构增加十多亿美元的联邦基金。这些钱将被指定用于以保护为导向的项目。"可以改变这种权重。"

我们浏览了菜单。旁边那桌正在讨论麦莉·赛勒斯。("她太赞了。")布雷克始终置若罔闻,好像对这类干扰有免疫力。开车过来的路上,我曾问过阿斯彭有哪些名人。我得到的答案是:"杰克……尼科尔森。尼克劳斯?哪个是打高尔夫的?"他知道凯文·科斯纳住在这儿,因为凯文·科斯纳曾遇到过惹麻烦的熊。

布雷克放下他的菜单。"有件事从没得到过充分的讨论。20世纪初,熊的总数曾被严重削减,但现在数量已在回升。"美国人在20世纪初对野生动物的普遍态度和最早越过大洋来到美洲的拓荒定居者几乎没什么改变。首先向西推进的是牧场主、自给自足的农场主、畜牧主和收集毛皮的猎户。在他们眼里,野生动物要么是商品,要么就是害兽。赏金猎人遍地都是。直到20世纪70年代,熊被毒死依然很常见。"我们把一切都抹去了。"布雷克说。

政府提供了帮助。布雷克供职的单位是国家野生动物研究中心,在过去的150年中,虽有过许多化身和名称,但目标始终只有一个:保证成本效率,有效控制野生动物造成的损害。无论"野生动物"指的是掠食牲畜的野兽,还是擅自偷食庄稼作物的鸟类和啮齿类动物,无论机构大门上的名字是"经济鸟类学和哺乳动物学部门"或"灭除法实验室",还是"掠食动物和啮齿类动物控制部门",其目标都是帮助牧场主和农民。而看似更纯粹的野生动物生物学——研究动物的行为、饮食习惯、迁徙模式——是致力于物种繁盛的生物学。

随着20世纪60—70年代环境保护、动物福利运动的兴起,这方面的道德良知渐渐深入人心，普及全国。保护主义者们反对射杀洞穴里的动物、空投带马钱子碱的饵食等行为。1971年，野生动物保护组织、塞拉俱乐部（环境保护组织）和美国人道协会共同提起诉讼，要求禁止在控制掠食动物的操作中使用毒药。次年，环境保护局（EPA）就取缔了马钱子碱和其他两种杀虫剂的注册使用权。这些组织的大力宣传引发了公众态度的转变，假以时日，任何人都不可能忽视这种转变，忽视显然是不明智的。

越来越多的美国人和野生动物有了强烈的情感联系，不赞成出于经济利益而去损害它们。1978年有一项面向3 000个美国人的调查，要他们对自己喜欢或不喜欢的26种动物和昆虫进行评分。2016年，俄亥俄州立大学的研究人员重启这个项目，又做了一次调查。与第一轮调查相比，喜欢狼和土狼的受访者比例分别上升了42%和47%。（蟑螂的受欢迎程度也有所上升，从最被鄙视的倒数第一名——这项殊荣现在属于蚊子——上升为倒数第二名。）

现在说"熊回来了"应该是有底气的。已经到了它们在人类世界里显露真身的时候。"对野生动物生物学家来说，这是一个全新的领域。"布雷克边叉沙拉边说道，"而且我们并不精通。我读本科时面对的问题全都是——我们该如何使种群数量恢复如初？如何计算它们的总数量，如何管理它们？现在呢，问题全都是关于人类和野生动物的互动关系。我们该如何管理这种问题呢？我们眼看着野生动物生物学家……"布雷克模仿用头撞桌面的动作，"游戏升级了。"

此时此刻会感觉这是打不赢的仗。未来会有更多的熊，更多的狼和土狼，以及越来越多的人类进入它们的领地。而当这些动物里的某一员洗劫了你家厨房，或咬死了几只羊，或咬了牛排馆老板的屁股时，我们该怎么做？全社会尚未对此达成文化共识。我们有人类与野生动物的冲突，还有人类与人类的冲突。我们有牧场主、农场主和动物爱好者在文化冲突中互相仇视，俨如这个国家的政治现状：每一方都固执己见。把它们都杀光！一只都不许伤害！

布雷克和其他研究人类与野生动物冲突的专家开始将注意力从动物生物学、行为学转移到人类行为学上。用科学术语来说，这被称为"人类层面"的研究。用不科学的话来说，研究目的是找到相互妥协的解决途径。开启这类研究时，通常会让立场不同的人聚在一个房间里，让他们互相倾听，甚至与对方达成共情。最近，布雷克和同行们共同创立了"人类与食肉动物共存中心"。2020年初，他们组织了为期两天的聚会，打猎的人、捕猎的人、牧场主以及环境保护和动物福利团体的代表济济一堂，共同讨论要不要把狼引入科罗拉多州。

布雷克满怀希望。第二天讨论结束时，他听到人们谈话时完全不带敌意了，这种交流方式让他觉得活动很有成效。"现在的问题是，每个人都回到自己所属的那块小地方后，又会发生什么？"布雷克希望无论这个州采取什么措施，都是由类似这样的团体共同达成的决定，而不是几个闭门造车的立法者说了算。

这阵子，布雷克一直在与自然资源保护委员会（NRDC）食肉动物保护部主任扎克·斯特朗打交道。NRDC和野生动物监管服务部过招的标准流程就是前者起诉后者。在布雷克的鼓励下，斯特朗与蒙大拿州立野生动物监管服务部的部长建立了联系。这种联手简直像是不可能发生的事，但确实有成果，其中之一就是在监管服务部内设立了三个新职位，由避免野生动物死亡或称为"预防野生动物问题"的专家担任——两位专家在蒙大拿州，还有一位在俄勒冈州。将新职务的有效职能公布于众，NRDC和监管服务部就有资格获得联邦基金，其他十个州就能把这笔钱用于招聘和评估同类专家。布雷克希望监管服务部的新发展能够标志这一领域的文化正在发生转变。与此同时，爱达荷州的渔猎部仍在资助一个对猎人和牧场主友好的非营利组织，为捕杀狼只者提供赏金。

至于导致人类死亡的野生动物的命运如何，所有政府机构都在这一点上达成了共识。有朝一日，这也能改变吗？在这个世界上，有哪里的人们一致赞同饶恕动物一命，尤其是在动物防御性攻击的情况下？研究熊的生物学家戴维·伽什里斯曾在青藏高原住过一阵子，那里的牧民夏天会离家放牧，棕熊常会闯入他们家里。"他们回来时，家里一片狼藉，整个儿被熊拆光了。但这些藏民是虔诚的佛教徒，不想遭报应。"伽什里斯告诉我，他与当地负责处理动物袭击的官员谈过一次。"我问他，'假如你接到电话，去了现场，看到一头熊压在一个人身上，正在咬他，你会怎么做？你会射杀它吗？'他说，'我没有权利决定哪一条命更重要，是人的还是熊的？'"

在印度，每年约有500人在遭遇野象的过程中死亡。政府的标准做法是赔偿家属，不会捕杀大象，只有极少数例外。在过去五年中，西孟加拉邦因野象致死的人数最多：403人。也许，那里也会给我一些答案。

第 3 章　房间里的大象

一失足，酿成过失杀人罪

印度有"学习营"。我最初是听印度野生动物研究所的一位研究员说起，才知道还有这种活动。他本人就开办了一个关于大象和豹子的学习营。我想象中的"营地"是典型的美式露营地，有双层床和棉花糖，因而很努力地在脑海中把那种场景和大型危险动物拼凑在一起。不用说，我很想去。事实上，学习营更接近于全国宣传日的活动。光看列表就能明白学习营的目的：登革热学习营、糖尿病学习营、交通安全学习营，还有至少一个关于打鼾和睡眠呼吸暂停的学习营，听上去很适合我家的卧室。这类学习营都旨在传播信息和知识，让人们对本来不太了解或根本不去想的各种危险状况有所认知，指导他们如何避免、如何应对。

每年十二月，研究员迪潘杨·纳哈都会锁上他在德拉敦市（Dehradun）的办公室，在租来的四轮驱动车上贴上"印度政府正当班"的标签后就启程上路，开始酷似公路旅行的巡游学习营。今年，他的表亲阿里特拉担任助手一路随行，我也随他们的车。我们从孟加拉北部出发——让人头大的是，那地方其实在孟加拉国的西部——平均算下来，那地方每年有47人因野象而亡，164人受伤。每年47人！在类似康涅狄格州那么大的地区！印度的森林管理部门会派遣野生动物保护员处理这些案件，但不会判处大象死刑。会有几位动物保护员参加纳哈在巴曼珀科里村组织的第一场学习营活动。我很想知道他们是怎样操作的。

车窗外只见大片的农田掠过：茶园、万寿菊园、整齐的水稻像一排排牙刷毛插在大地上。稻田和小块土地中间聚集了一些小村落，房舍是用金属波纹板和茅草搭就的，间或有一座小庙，几家敞开门面的小酒馆。奶牛在路边闲逛，小黑羊肩并肩地立在路边，但我没看到别的动物，没看出来大象怎么能出现在这个画面里。

大象！纳哈信誓旦旦地告诉过我，它们就在不远处。现在是冬季：象群每年迁徙的时节。象群夜里觅食，白天都在柚木林里睡觉——那片林子曾经很大，从印度阿萨姆邦经孟加拉北部一直延伸到尼泊尔东部边境，如今却没剩多少了。先有英国人不断扩张种植的茶园，后有尼泊尔和孟加拉国在此建造军事基地、难民及移民定居点，昔日的"大象走廊"被不断蚕食、断裂乃至消弭。还有越来越多的人为了砍伐木材、放牧而进入这片森林，将大象的栖息地占为己有。象群想要穿越这片森林，却总会遇到障碍、危险和死路。昔日畅行无阻的走廊现已变成弹球游戏。象群有可能被阻滞在林中一隅，走不出来，俨如封锁在口袋里的大象。把大象封在口袋里，不管是听上去还是想象一下，这比喻都极其荒谬。基因发展僵滞了，生存密度激增了。很快，野生象群就找不到足够多的食物了。为了吃到东西，它们走着走着就进入人类的村庄，能找到的食物是人类的庄稼和粮仓。这就有了人象冲突。

经过一条岔路时，阿里特拉指着窗外说道："有个人就是在那条路往前两千米的地方被大象踩死的。几天前的事。一共有3个人在路边干活，看到大象来，他们都开始跑，但那个人落在最后，大象就跟着他。"

对我来说，这实在太难想象了。我是看《大象巴巴》(*BaBar*)和《国家地理》(*National Geographic*)杂志长大的。在我的认知里，大象很温和，慢吞吞的，还会穿长筒雨靴和亮绿色的外套。完全不必害怕大象。这种知识储备令我和印度东道主滋生出了小小的分歧。上路后的第一天晚上，看到了注明"大象迁移区"的指示牌，顺着那条路再开进去一点就是我们过夜的小屋，小屋是公家的，造在柚木林里。小屋客栈的厨师说，我们去的前一天晚上，他还在大门附近看到一头大象呢。对于这条信息，我当下的反应就是告诉大家——我打算出去走走。那时大约是晚上七点，已经过了大象外出觅食的时段整整两小时了，但迪潘杨·纳哈和他的表亲都不肯再去森林附近溜达了。

"别走太远，玛丽。"阿里特拉说。我们坐在门廊上喝茶，头顶上有壁虎和飞蛾。阿里特拉的脑袋圆溜溜的，天性友善，有时还忍不住傻笑。他的正式身份是纳哈的助手，但常常不知不觉地回归到本来的小表弟的样子。

纳哈也不太喜欢我的决定。"请你务必非常小心。"

他俩对视了一会儿，然后放下杯子，都站起来陪我散步了。

我们就走到了车道尽头的铁轨。针对印度的窄轨铁路历史，纳哈稍微介绍了几句。我们原地站了几分钟，像是在等火车。阿里特拉用脚趾拨弄着铁轨间的碎石。"我们回屋里去吧。"

要想更透彻地理解人类和大象不期而遇意味着何等危险，最好和调查过这类致死事件的专员好好座谈一次。沙罗杰·拉杰是当地森林部巴曼珀科里分部的动物保护员，自2016年以来，那个区域每年都有因大象致死事件。

保护员拉杰来到了巴曼珀科里的村社大厅，这间墙壁漆成蓝色的大房间就是今天学习营的活动地点。拉杰会和大家交流，回答问题。但到目前为止，提问的人只有我。看起来，能准时参加学习营的人只是那些不得不来的人——就今天而言，是一群穿着格子制服的学生，还有6~7个当地野生动物小组的保护员。纳哈并不为此烦恼。今天是排灯节 —— 整个星期都放假的节庆 —— 又是午餐后的时段。"所以他们都来得慢。"

拉杰保护员向我讲述了最近几起致死事件的细节。每讲一起，他都先说明确切的日期，你当即就能感受到他做了很多案头工作。"2018年10月31日。路上有3个工人。"正是我们之前走过的那个地方。"突然出现了一头大象。"

单独一头大象，可能比好几头更可怕。象群里有母象和小象，其形象符合我童年时认知的爱好和平的"大萌宠"。但独行象通常是公象，很可能带来大麻烦。公象有周期性荷尔蒙大起大落的现象，术语为musth。在这种狂暴期里，公象的睾丸激素水平会比平时高10倍之多。这会让它们在和别的公象，以及象群中占主导地位的母象竞争时占据优势，但也会随机波动，没准儿。用亚洲象专家贾扬塔·贾亚瓦德纳的话来说，这种状态轻则"过度烦躁"，重则挑衅、冲撞别的大象、人类，"乃至无生命的物体"，甚至有"毁坏的倾向"。保护员拉杰继续说道："那3个工人明白这一点，就想逃到灌木丛里去。但其中一人不幸摔倒了。"

阿里特拉谨慎省略掉的细节，现在都被拉杰说出来了。大象一脚踩中那个人的头。假如你的体重高达6 000磅，仅仅是踩到、哪怕只是跪在一个人身上，就足以构成百分百有效的必杀技 —— 更不用说1992年的那个案例了：一头名叫珍妮特的马戏团大象在被激怒后，直接在一个人身上表演了头手倒立。不过，拉杰保护员根据脚印和案发现场植株的压痕，判定这起致死事件属于意外事故。

"2016年10月16日那次也属于意外事故。"有个男人爬上河岸时遇到了一头象。"堤岸很滑，"拉杰回忆道，"人和象都顺坡滑了下去。大象就从人身上滚了过去。"大象致死的方式类似车祸：因为它们体形太大，只要撞上体形较小的对象，甚或翻滚过去，后者就必死无疑。（大象饲养员尽量不站在墙和大象之间。）[①]

拉杰说："这些大象不是故意杀人。"他是怎么知道的？因为尸体完整无损。"如果大象处于暴怒状态，人不可能留下全尸，肯定会变得支离破碎。"贾扬塔·贾亚瓦德纳在一本专著中列出了被激怒的，或处于生理狂暴期的大象致人死亡的9种有案可查的方式。第三种是"把前脚置于受害者的手脚上，再用鼻子扯下另一边的手或脚"。（大象连根拔起灌木后，就用类似的手法扯下枝叶吃：一脚踩牢，长鼻子用力拉扯。）据说，16世纪的锡兰（现在的斯里兰卡）统治者利用了这种自然行为，把大象驯成了行刑者。《锡兰岛史记》（*An Historical Relation of the Island of Ceylon*）中有一张雕版画，刻画了一头正在行刑的大象：它将一只前脚踩在罪犯的躯干上，象鼻缠在那人抬起的左腿上。还好标题写明了"大象处刑"，前景中还有被撕扯下来的断臂，否则，你可能误以为锡兰的君主们训练得当，让大象来给你做按摩呢。

纳哈的学习营尤其强调不要触怒大象的重要性。阿里特拉刚在村社大厅的墙上挂了一大张题为"缓解人象冲突的最佳做法"

[①] 我二十多岁时曾在动物园打工，大象饲养员的工资比照顾其他动物的饲养员要高一点——不是因为风险更高——高出来的那部分算"粪便级差"，而是因为这位铲屎官的任务太重、太多了。这种工资级差相当合理：1973年美国史密森尼协会发布的一份动物学资料里提到：亚洲象每天排便18~20次，每次排出4~7团粪球，每团约重4磅，也就是说，一头大象每日排粪量为400多磅。

的重点列表，第20条就精辟归纳了这一点："不能有兰博式^①的行动！"射杀大象不仅是非法的，而且，从枪支口径来看，这样做也毫无意义。那头名叫珍妮特的马戏团大象承受了55次射击——全都来自佛罗里达州棕榈湾警方的9毫米值勤用左轮手枪，还经受住了一名当日并不值勤的特警的第一轮射击——他用的是可以穿透装甲人员运输车的子弹（珍妮特死于第二轮射击）。

村民在该地区看到独行象或象群时，最妥当的做法是拨打全年无休的热线电话，让拉杰这样的大象保护小组的专员去处理。保护小组知道大象是社会性动物，所以，如果成群结队地把它们赶走，它们相对来说就能保持平静。保护员会从侧面包抄，慢慢靠近象群，就像牧牛工那样引导整群大象返回森林。因为持续这样做，象群现在已能听出大象保护小组的车声。"我们一开进这个区域，它们就走动起来了。"拉杰微笑起来。其实他不是个爱笑的人。"这对我们来说还挺方便的。"

听拉杰描述保护小组的日常巡逻，可能会让你觉得那和商场保安的活儿差不多，但显然不一样。他们做的是高危职业。有个疲惫的保护员和我们同座，他已挨过4次批评了。"他们告诉你不要跑，"他说，"但我要告诉你，当一头大象向你直冲而来时，你不可能不跑啊！"我申请随行巡逻，第一次请求被拒绝了，第二次也被拒绝了。拉杰的表情在暗示我已有"妨碍公务"之嫌，所以我不再强求了。

---

① 编者注：在此指电影《第一滴血》主角兰博，"兰博式"在此也指代一味地射击。

如果发生致死事件，通常都会在保护小组抵达前的半小时或更久之前发生。村民们发现大象后会冲出家门，大喊大叫、投掷石块、点火把、放鞭炮①。有些村里会有民间自发的"驱象人"，他们常常挥舞尖矛或做出其他动作，但都和"最佳示范"相差十万八千里。公象和象群中担当领导者的母象可能会出于防卫而发动攻击，而那些平日里温和的母象和小象可能会惊慌失措，胡乱踩踏。没有灯光的田野和水田里一片漆黑，人们跌跌撞撞，大象没有方向，用我母亲以前的口头禅来说就是——"总有倒霉鬼"会遭殃。

　　"大象，我们倒还能轻松地去引导，"拉杰说，"但最难的是给人引路。他们根本听不进去。"村民们激动不安，这固然很能理解。这些村落里的农民辛勤劳作，收成却很少。但一头亚洲象可以在一天内吃光300磅植物。在快速掠夺和大规模踩踏之后，一个小规模的象群会把农民们整整一季的劳作成果扫荡一空，断了他们的生路。

　　只要有一头大象出现在庄稼地里，就足以刺激人们采取不明智的行动。纳哈说，再加上醉酒后的决断力摇摆、对冲动的控制力减弱，就会酿成可怕的后果。他蹲在一只话筒前，正在解开一堆缠在一起的细电线。"这就是我们看到的情况。那群人都喝醉了。有人想逞英雄，就走到那头大象面前，挑衅它，而那头大象为了

---

　　① 大象确实很容易被火和突然的巨响吓到，它们在战场上的用途因此大受限制。尽管身披盔甲、鼻翼佩剑的"战象"看起来威风凛凛，远望过去确实能给敌方带去心理上的震慑力，但只要双方距离拉近，这种优势很快就会烟消云散。有史料记载，大象在听到火枪射击或看到燃烧的飞箭时会转身离队，四散逃开。还有一头甩着剑的大象在逃跑中冲进自家本营，令我方的人员伤亡和敌方不相上下。

自卫……"纳哈也避免使用"杀",因为这个动词暗示了明确的意图。"就发生了意外。"根据他本人统计的数据,在2006年至2016年期间,孟加拉北部因大象而死的人中有36%处于酒醉状态。后来,我看到《印度斯坦时报》上有篇报道的标题是"贾坎德邦,醉汉挑战象群,遭踩踏而死"(贾坎德邦与西孟加拉邦相邻)。森林保护小组的人对记者说:"他想和它们打斗。"所谓的"它们"是18头大象。

还有一件事很危险:大象也爱喝一杯。在孟加拉北部,大象喝的就是村民们喝的家酿酒,当地人称之为"haaria",家家户户都会大量存酿,足以醉倒一头大象。(因为大象缺乏分解酒精的酶,所以醉倒所需的时间比你想象的要短。)据拉杰说,大象喝多后会发生两种状况。大多数象只是晕晕乎乎、跌跌撞撞地离开象群,倒头睡一觉就好了。但每个象群里好像都有一头好斗的醉象 —— 通常是当家的母象,或是发情的公象。不管这辈子积了多少德、作了多少孽,你都要尽量远离正值狂暴期,并且喝醉的公象。

拉杰的观察得到了数据的肯定。1984年,加州大学洛杉矶分校精神病学和生物行为学系做了一项研究,测试项目之一是让3头"没有已知饮酒史"的亚洲象和7头来自"狮子国度"野生动物园的非洲象各自饮下一桶含有谷类酿制酒精的水。这些大象纷纷离开象群,四处游荡。它们闭起眼睛,或站或靠,或"把象鼻绕在自己身上"。它们不想吃饭,不愿洗澡。当家母象的叫声越来越大,越来越好斗,另一头名叫刚果的公象也这样。

为了阻止大象偷酒喝,村民们可能会把酒桶搬回室内。这个主意太糟糕了。因为现在他们要担心的不是喝醉的大象,而是决意要喝醉的大象——大象闻到屋里有酒味了，要喝还不容易？显然没理由不踢倒一堵墙。纳哈做过调查，死于大象的北孟加拉人里有8％在事发时正在家里睡觉。

现在，座位基本都坐满了，纳哈拿起话筒开始发言。当然，他是用印地语说的，所以阿里特拉时不时地俯下身子，用手罩住我的耳朵，用坚决的语气转述一个个短句，听上去还挺铿锵有力的。"喝醉了，你就不该走到大象面前。""开车，一定要跟在大象的身后。"

纳哈是个极富表现力的演讲者，配合表意丰富、动作流畅的手势。我真没想到他有这一面。在台下，他的动作和语言都很平淡。在台上，他肩膀端平，脚尖微微外倾，像是为了站得更稳一点，很像我经常在阿姆布贾水泥公司的广告牌上看到的那个人，稳稳站牢，坚如磐石，怀抱一整个雷鸣般的水电站大坝。之前我听他说起"我曾被老虎追着跑"，那口吻俨如你我上班时冷冷地说一句"我曾在奥马哈待过"。

学习营秉持的原则很简单。如果人偶遇大象时，就要在他们头脑清醒，并且放松的时候与之交谈。让他们坐下来，让阿里特拉为他们端上一杯茶、一只萨摩萨炸饺①。人们对大象的生物学、对象群的行为了解得越多，人偶遇大象时就会越安全。说到底，可以归结为两句话：保持冷静，给大象足够的空间。特别是对带着小象的母象。最要小心的是刚好在狂暴期，并且独来独往的公象。（感谢贾扬塔·贾亚瓦德纳归纳出了公象在发情期的亢奋迹象：太阳穴附近的腺体有大量分泌液，频繁勃起，以及"双眼圆睁，眼神贪

---

① 编者注：原名为 somaso，一种印度小吃。

毛茸茸的罪犯

娑，眼球转动活跃"。）

还有一点需要向大家强调。保护员拉杰之前和我们聊天时就有所提及："我们，人类，是我们在干扰它们。"

尴尬的是，拉杰这样的专业人员也在"我们"之列。把大象赶回最近的森林里固然能解决眼前的麻烦，给当地村民带去最直接的利益，但纳哈后来告诉我，从长远来看，这反而会导致问题加剧，积重难返：因为这终将激怒象群。大象会逐渐形成定向关联，把大象想吃东西时被赶走的那种焦虑和痛苦与人类直接挂钩。大象开始想要坚守自己的地盘。邻近的阿萨姆邦也有人象冲突，那儿的报道说母象也开始和公象一样爱冲撞了。

纳哈认为，应该运用更好的系统保护方式，包括用传感器探测象群靠近村落的距离，让村长和训练有素的当地反应小组提前得到警报，监测实况，尽量在农作物被踩烂、混乱爆发之前进行干预。纳哈所说的传感器并非运动传感器或热传感器，别的哺乳动物都能触发这两种机器。他特指的是由振动触发的地震传感器——只有大象的脚步声（或一场小地震）才能制造出能触发这种传感器的振动。另一方面，你要尽可能减少人类制造出的沉重脚步——继续努力恢复森林，开辟保护区。

戈帕普尔茶园的副经理穿着西装面料的长款翻边短裤，脚上是一双膨胀感的荧光色运动鞋。他的头微微后仰，看起来有点冷淡，也可能只是因为眼镜度数不准。我们开车进园时，他出来迎接。本周，巡回学习营的第二站将在半小时后开始，参与者都是茶园的工人。不过不着急，先喝杯茶。

这位副经理很喜欢引用数据。这个茶园占地 1 200 英亩[1]，他说着，把茶杯放在我们面前。有 2 100 个采茶工。我们边听边喝，然后，他带我们出门，穿过小路，走到一间敞开式的凉亭，也就是纳哈演讲的地方。

工人们已经到了。每把椅子上都放着一只可重复使用的透明塑料袋（品牌名称：我的透明袋），工人们都在翻看文件袋里的讲义。女人们坐一边，男人们坐另一边。纳哈摆弄了一下音响系统——流媒体之前用的老式音响，想当年，茶园会请乐队来助兴周末的娱乐活动。

天气很热，湿气很重。茶园经理们都迟到了。工人们用各自的文件袋为自己扇风。时间一分一秒地过去。副经理的人端来一个托盘。又上茶了！给我们的茶是用带茶托的瓷杯盛的。工人们则用比酒杯还小的纸杯喝茶。搞什么鬼，我很想说，明明坐拥 1 200 亩茶园，还这么抠。

经理们终于来了！越野车像一队巡逻车那样急速而来，急停而止，刹车踩得好用力。车门拉开又砰的一声关上，经理们——总共 5 人——大步走入会场。工人们不约而同地起身离座。经理们没有和我、阿里特拉一起坐在观众席上，而是迈上讲台，在一排桌子后落座。桌上已摆好了水、记事本和笔，他们拧开矿泉水瓶，发出"喀啦"的声响。讲台上出现了各式各样的胡子，还挺壮观的。

经理们轮流拿起话筒发言。为了盖住足以用于舞厅的大喇叭，阿里特拉的翻译要大声喊出来，我才能听清。第一个经理敦促工

---

[1] 编者注：英美制面积单位，1 英亩约为 4 046.86 平方米。

人们注意，因为茶园边有一条河、一片森林，所以会面临大象入侵的问题。他把话筒交给旁边的人，第二位经理简述了茶园目前针对大象采用的威慑策略：派一小组人坐拖拉机巡逻，必要时放点鞭炮。麦克风继续往下传。下一位经理也喜欢引用数据：他在这里工作的12年里，共有七八个人被大象处决。

最后，话筒递给了纳哈。事实上，工人们都很用心地听讲，以至于我一度怀疑开小差的人会不会受到惩罚？经理们则窃窃私语，偷看放在膝盖上的手机。还有个经理接了个电话，用手捂着，好像在打嗝，让自己不至于显得太过失礼。

演讲结束后，纳哈请工人们尽情提问，畅所欲言。有个采茶女工当即站了起来。她比大多数人都年长，大概有50岁吧，但她和别的女工一样，穿着五颜六色的印花纱丽①，她们在茶园里采茶时也是这样的装扮。阿里特拉跳起来给她递话筒。但她不需要。她的愤怒代替了扩音器。讲台上的一排大胡子略显不安，纷纷在座位上调整了姿态。

阿里特拉又开始帮我翻译了。"你们叫我们改种别的，"她指的是工人们的自留菜园，"叫我们别再种玉米或水稻，要种姜或辣椒之类大象不喜欢的东西。可是我们种玉米和水稻是为了自己吃呀。再说了，拖拉机一走，大象还会来，一直来，不停地来。大象要吃很多很多食物。"这个女人说完又坐下来。"我们得用别的办法。"

她说得对，但要找到两全其美的解决方案很难。在实际操作中，第一反应觉得正确的做法往往会因为费用及其产生的新问题

---

① 编者注：又称纱丽服，是印度、孟加拉国、巴基斯坦、尼泊尔等国妇女的一种传统服饰。

而受限。电网围栏就是一例。你需要足够多的围栏以阻止兽群，但又不能太多，以免阻挡它们迁徙。维护和整修长距离的围栏既费时又费钱，常常半途而废。或是做法错误。电压必须高到足以让大象止步，但也不能高到使其触电而亡。然而，在印度，平均每年都有50头大象被电死。

还要考虑大象的智力——这让事情更棘手了。面对电网围栏，一头印度大象可能很快就能琢磨出来怎样在不被电击的情况下穿过去。它会发现木头不导电，便直接推倒木柱，或者捡起一段木头把电线压下去，让别的象跨过去。

大象并不总能受惠于这等聪明才智。它们曾被多次征用——古时候的印度人指挥它们上战场，到了近代，曾在伐木业中大显身手。那些林业部把大象视为雇员，将它们的工作时间登记在册。这些"上班的大象"当然没有工资拿，不过，纳哈告诉我，它们到50岁时可以享受"福利"——退休后可以住在皮尔卡纳，三餐无忧，每天都有人帮它们搓澡，还有精油按摩服务。

工人们纷纷离座，准备离开，我请阿里特拉帮忙，把我介绍给那个敢于谏言的采茶女工。她叫帕德玛，她生气是有充分理由的。一周前，她在凌晨四点半被吵醒，眼看一头大象拱翻了一道墙，吃掉了她要在工人生活区的小卖部里出售的粮食。茶园理应给她赔偿金，但她还没有收到。

我听得到有几个经理一直在我们旁边打岔。有个经理悄悄凑近我们，明摆着是要扯开话题。"你好，你从美国来呀，我儿子在孟菲斯，在最好的酒店里工作，你知道孟菲斯酒店里的鸭子吗？"我还真知道那家酒店，会有一群鸭子奔下大堂的楼梯，这个卖点没任何典故，和鸭子、和酒店都没有必然联系。我的注意力始终在帕德玛身上。

阿里特拉继续翻译："这是她第二次碰到这种事了。"

经理如同背景中的电台频道，也在继续播送，"到了5点，鸭子就会下来……"

纳哈过来了。他建议我们开车到工人生活区，去看看帕德玛的小卖部被毁成什么样儿了。经理们焦虑地交换了眼神，但已经太晚了。我们带上帕德玛，挤进我们的车，慢慢驶出茶园。

与其说小卖部被洗劫了，还不如说被夷为平地了。一面波纹金属板墙被踩扁在混凝土房架下。上一次，大象也是在帕德玛睡觉时闯入她家的。在这里，"房间里的大象"①绝非比喻，所有关于大象的笑话都不能当作玩笑。大象几点钟坐在你家篱笆上？可能是夜半11点左右。

大象是吃素的，但并不挑食。它们会吃掉植物的大部分内容——谷粒和草，叶、茎、树枝和树皮。2017年，在阿萨姆邦索尼特普县的一个茶园里，3头野象在凌晨2点闯入一家工人区的小卖部，一点儿不客气地大嚼棉花纤维产品——也就是俗称的卢比：它们掀翻钱柜，吃掉了价值26 000的大面值卢比。

有一样东西印度大象不会吃，那就是茶叶。虽然这儿的每个人都爱喝茶，但很少有人（无论是人还是动物）喜欢吃茶叶——茶叶太苦了。大象穿越茶园时会践踏植物，造成少量的作物损失，但

---

① 译者注：Elephant in the room 是一个英语熟语，用来隐喻某件虽然明显，却被集体视而不见、不做讨论的事情或风险。

总体来说，遭罪的是工人，而不是茶园主和管理者。

尽管如此，帕德玛和她的邻居们都说自己并不会迁怒于大象。纳哈和很多人深谈过，75%的人对进入他们村庄的大象没有恶意。考虑到大象在孟加拉北部造成的死伤和破坏数量，报复性的杀戮竟很罕见。纳哈说，每年只有3~5头大象是因此被杀的。

我在阿里特拉的帮助下告诉帕德玛，在美国，伤害人类或闯入民宅的大型哺乳动物会有怎样的下场。我问她，她认识的人有没有流露过想把闯入他们家或店的大象处决？她回答说："你怎么会想去杀神呢？"她指的是印度象头神。"我们就说一句'Namaste（有礼了），请离开吧'。"

帕德玛带我们去了茶园，园里正在采茶叶。采茶工散布在茶树间的小径上，在齐腰高的树丛里劳作。只能采摘最鲜嫩的绿叶。这些工人让我想起了钢鼓鼓手，站立不动，双手却在疯狂地移动。手速真的飞快，因为他们必须这样做。如果他们达不到规定的业绩，就会被扣工资。

纳哈弯下腰，让我去看茶树下的地面。采茶工有时会吓到带着小豹子在树荫下休息的母豹。豹子可能会被惊醒，要是觉得自己被逼到角落了，或是感受到了危险，豹子就会扑向采茶工。致死的情况很少，但常会导致受伤。在孟加拉北部，90%的豹子袭击事件都发生在茶园。

我们旁观采茶女工们工作。手里的叶子满了，她们就把手绕到脑后，让茶叶落进挂在额头、垂在背部的布袋里。这时我才明白为什么帕德玛之前对我的背包非常感兴趣。你肯定会觉得经理们应该愿意出资去买更符合人体工程学、更符合这种工作需求的背包吧。我把这想法讲给纳哈听。

他卷起了袖子。"他们每天的工资是150卢比。"这比德里机场一杯卡布奇诺咖啡的价格还要低。"这是一种殖民心态。他们就是英国人从印度中部带来的那些部落劳工。英国人用他们就是因为觉得这些劳工又勤劳又顺从。"

之前纳哈跟我说过,林业部会把大象当作登记在册的员工,还提供养老福利、每天洗澡,我的第一反应是觉得很了不起。在这里,竟有政府来确保参与工作的动物享有一些通常给予人类的福利。可是,现在,当我目睹了采茶工的待遇——也是这个政府的法律所允许的,我又觉得有点表里不一,实际情况并没有想象中的那么振奋人心。在印度,或许做一个动物比做人更好,因为做人好不好取决于你的宗教、性别和种姓。2019年,德里政府宣布计划改造市内的5个保护区之一,坚持自由放养的保护区是为了圣牛而建的,但它们很容易堵塞交通。这可能是因为之前有过批评的论调,认为市政府更关照牛,对百姓反而没那么体恤,作为回应,德里市畜牧部部长宣布:"我们正在筹备独特的共存方案,可以让老年人和牛生活在一起。"

但最近的事态越发趋向极端了。现任总理纳伦德拉·莫迪(Narendra Modi)是在印度教民族主义高涨的局势中上台的。这位总理是那种把恒河称为母亲、尊崇人格的人。一条河享有人权保护,但像帕德玛这样的劳动妇女每天只挣150卢比,穆斯林因为卖牛肉而被处以私刑。

我们上车准备离开时,副经理怀抱几只塑料袋一路小跑而来,送我们每人一磅茶。阿里特拉谢过他,等车开动了又转向纳哈说道："CTC（这是一种加工方法的缩写简称）。"然后又向我解释道："最便宜的那种。"

今晚我入住公办的贾德帕拉旅游者木屋园，这儿的主题亮点就是野生动物。园区里有一些真身大小的当地野生动物石膏模型。有好些模型已被推倒，有些附件支架就暴露在断裂的雕塑基座上，在精心修剪的草坪上显得很不协调。整个木屋区给人一种感觉：好像有一群醉醺醺的高尔夫球手刚在微型高尔夫球场打完球，这些雕像被打偏的球，甚或索性就是高尔夫球杆砸得七歪八斜。

我一向钟爱这类有种超现实衰败感的地方，喜欢那个不知道早餐在哪里供应，甚至根本不确定有没有提供早餐的店员，真的，除了我阳台上的老鼠屎，这儿的一切都让我喜欢。我试着站在老鼠的立场去想象，这么一个没有食物、没地方可以筑巢，甚至没什么风景的阳台能有什么吸引力？好像只能是老鼠们拉屎的地方。贾德帕拉老鼠厕所。

这片供旅行者投宿的木屋区即将被改造，因为西孟加拉邦的森林部长正在与西孟加拉邦旅游发展公司谈合作，打算在邻近的森林里创建一个犀牛保护区。那儿恰好是纳哈、阿里特拉和我接下去要去的森林区域。我们要去追踪一只戴了无线电项圈、一年半前移置过来的"问题豹"——第26 279号曾与人类有冲突的豹子。当时，这片土地已被指定为野生动物保护区，而这只豹子还没成年，纳哈想检查一下项圈，以确保没有卡到它的脖子。

到那儿之后，纳哈要和生活在森林边缘的村民广泛交谈。无线电项圈的信号只能标注地图上的某些点，但无法回答很多问题——把肉食动物放归到人类居住区的后院后，理应问清楚这些问题：这只豹子有没有夺走你家的山羊？居民们是否同意它出没于此？纳哈一直在跟进后续情况，俨如一个负责寄养的尽责社工。他一直在远程跟踪这头豹子，但凡发现它向人类家园移动，他就打电话发出预警。

这天早上，我们有了一位新司机：阿肖克。他几乎不参与我们的交谈，宁可把全部注意力放在驾驶上。这和上一位司机有着天壤之别：上一位为了不让自己打瞌睡，把智能手机支架吸在挡风玻璃内侧，竟然看起了情景喜剧。（纳哈丝毫不为所动。"一只眼看手机，一只眼看路。"）

我们从公路转入一条夹在灌木丛中的土路，越来越茂密的枝叶剐蹭两侧车身。阿肖克变得很安静，好像很紧张。我是不是说错了什么？他是在担心车被刮花吗？

刚刚驶过一片住宅区，我们的车就在一个男人身边停下来，他背着杀虫剂的药包，正在给花椰菜地撒药。纳哈下了车，他关了喷头。他有一只眼看起来很浑浊。又有3人闲散地走过来。阿里特拉在一旁听着。没什么可汇报的。他们有一段时间没看到那头豹子了。

我们继续驱车前进，接着，经过了一座反盗猎队用的瞭望塔。纳哈让阿肖克停车，他可以爬到塔上去，以便收到更清晰的无线电信号。阿里特拉让我和他一起留在车里。

纳哈走下塔楼的楼梯，回到车里。他说，我们现在离豹子只有1 000英尺。

我们继续前进，车开到一条宽阔的河边，道路戛然而止。纳哈又下了车。他沿着河滩沙地走了一会儿，像举着火炬那样高举天线。河的另一边有一群人在齐腰深的水里，捞起过度生长的水葫芦。

纳哈靠在车窗上，告诉我们现在离豹子只有500英尺了。接收器里发出"哒哒哒"的声响。我们不能再靠近了，因为豹子就在河对岸。他指了指方向。"就在那些人后头。"

附近没有桥，所以我们只能掉头。最后几英里的车程中，阿肖克打破了沉默。他和纳哈用印地语聊了起来。我们下车，阿肖克开走后，我问纳哈他们聊了些什么。

"他父亲是被豹子咬死的。"

他父亲去捡柴火，但没有回家，当时阿肖克12岁，就和朋友们一起去找他。他父亲被找到时已奄奄一息。就是类似今天那些人工作的地方，离豹子只有几十英尺。"他们把他送去医院，"纳哈说，"但没救下来。他受了很多伤。他的眼睛，还有别的很多地方。肯定是被咬得遍体鳞伤了。"

阿肖克不会载我们去下一程，这样也好。我们即将前往包里加尔瓦尔：豹子袭击事件频发的地区。那可不是茶园里发生的那类事——采茶工顶多发现有只豹子躲在茶树下睡觉，而那个地区的豹子会尾随人类。那儿的袭击属于"有意图"的杀戮。

第 4 章　**是非之地如何**

　　　　　豹子怎么变成了食人魔？

通往包里加尔瓦尔（Pauri Garhwal）的道路把旅行者带入喜马拉雅山脉中部——夹在低矮的丘陵和高山上令人窒息，如白色巨兽般的喜马拉雅山脉之间的平缓山区，定居者极少。这一程很美好，但也确实如路标所示："事故多发"。这里经常发生山体滑坡，以至于有些山坡远远望去俨如滑雪场。海拔越高，坡度越陡，弯道越急，开到后来简直像在开"盲盒"，你只能硬着头皮拐弯，因为看不清之后的路况而必须鸣笛，做好有车迎面冲来的准备。

追溯到最久远，这曾是古老的朝圣路，一直通到恒河沿岸的印度教圣地。过去的几个世纪里，虔诚的信徒们赤脚行走在这条路上，睡在简陋的茅草棚里。想当年，这条路上的危险不是车祸，而是豹子，有记载表明，豹子很喜欢溜进没有上锁的门缝。从1918年到1926年，政府档案里把125起死亡事件统统归咎于一头豹子，全世界的媒体都将它称之为"鲁德拉布勒亚格的食人豹"。

圣地仍在，信徒仍会来朝圣，但现在他们会开车来，住酒店。沿路两旁的旅店住宿条件都偏简陋：涅槃酒店、奥姆酒店、希夫①酒店——听起来让人头皮发麻，完全不能放轻松。今天，我们的司机叫苏汉，待人友好，处世不惊，看到路上出现的任何具有印度特色的东西都视若无睹——奶牛、滑坡而下的碎石片、飞驰的摩托车手、破旧的织布机。我只看到一次他失去泰然自若的表情，那是他看到一个人在路边撒尿，尿液的弧线翻越了护栏。苏汉的车开得很好，好到我都不去担心安全带扣不上了——印度大多数汽车后排的安全带都无法正常使用，纳哈一直认为这种安全

---

① 译者注：Shiv 在英文里有刀、剃刀的意思。

措施很滑稽(至于安全气囊,纳哈的金句是"你是说那只跳出来的气球?")。

今明两天,我们将参观三个山村,都是豹袭事件的频发地区。如果还有时间,我们就去一次鲁德拉布勒亚格(Rudraprayag),那儿现已发展成一个小城市。著名的"食人魔猎人"吉姆·科比特处决食人魔的地方,现在矗立着一座纪念碑。去年,纳哈独自去朝拜了,寻找当年亲历那个事件的鲁德拉布勒亚格村民的后代。他靠在后座上,拿出一些照片给我看。科比特纪念碑得好好修一下了。基座开裂,伟大猎人的胡须也有了豁口。当年,村里有个牧师和科比特共事过,纳哈找到了牧师的一个孙子。那人跟他说了一些事,比如:假如有一头豹子跟踪再咬死三四个人,乃至更多人,村民们就认定它是魔鬼。

我不信有魔鬼,但确实想知道这些豹子是怎么回事。我们之前去了孟加拉北部,那儿的豹袭事件都属于偶发的意外。闪电式扭打几下后,受惊的豹子就会离开。可能导致人受伤,但几乎不会致死。但在北阿坎德邦的包里加尔瓦尔地区,豹是把人当作猎物来跟踪的。在这个地理面积比特拉华州还小的地区,每年都有三四个人死于豹口。纳哈说,在2000年到2016年之间,豹袭人共有159次。他说,绝大部分都属于掠食性攻击。

出于什么原因,这个物种"更新"了自己的"菜单"?在包里加尔瓦尔究竟发生了什么?

科比特将此归咎于1918年的大流感。他在《包里加尔瓦尔的食人豹》(*The man-Eating Leopard of Rudraprayag*)中写道:在那么短的时间里有那么多人病死,以至于来不及操办传统的印度葬礼——将尸体运到恒河火化，取而代之的是仓促草就的仪式：在死者嘴里放进一块燃烧的煤，再朝向恒河的方向，把尸体扔下山坡。豹子毫不费力就能得到一顿大餐，科比特推测，正是这些抛尸让包里加尔瓦尔的食肉动物尝到了人肉的滋味。同样，在吉姆·科比特的另一宗猎杀任务中，伯讷尔河的食人兽也是在霍乱暴发后开始了肆无忌惮的食人狂欢。科比特声称，在他介入时，那头猛兽已咬死了400多人。[H.S.辛格（原古吉拉特邦林业部人员）在《地景变迁中的豹群》中质疑了这个数字，其他人，包括纳哈，也都对此有所怀疑。科比特给自传带货的本领毫不亚于他猎杀大猫的高超技艺。]

有一点可能对孟加拉北部人有利，那儿的豹子曾遭英属印度的皇家贵族及其印度亲信贵族大量猎杀。辛格写道，在1875至1925年间，狩猎队共处决了15万头豹子。纳哈评价说："它们看到人类时可能至今心有余悸。"现如今，已没有人悬赏猎杀本州的山狮（即美洲狮）[1]了，它们对人类的警惕性会越来越低吗？我通过电

---

① 山狮（Mountain lion）、美洲狮（cougar）和美洲豹（puma）是同一物种在不同地区的叫法。在佛罗里达州，人们称它们为"黑豹（panthers）"，而在南卡罗来纳州就成了"美洲狮（cata-mounts）"。"罗迪（Rowdy）"这个名字只适用于一头豹——克拉克·盖博在1937年的狩猎探险中捕获的一对小豹仔之一。盖博打算带一只回去送给情人卡罗尔·伦巴德，让她惊喜一下，因为她曾开玩笑地说过，要他给她带回"一两只野猫"。根据《美洲狮》的作者之一斯坦利·P.杨的说法，罗迪在第一晚就逃跑了，脖子上还挂着刻有它名字的新项圈（仅在一年后它就又被一个神秘猎人捕获了，项圈完好无损）。于是，盖博又把罗迪的同胞豹仔送给了她，过了不久，她就把它捐给了米高梅制片厂的动物园。再早以前，伦巴德曾送给盖博一只巨大的火腿，还在包装纸上印上了盖博的脸，可见这对情侣在送礼这件事上有点剑走偏锋，总想胜人一筹，这只小美洲狮就算是某种牺牲品吧。

子邮件向加州山狮研究员贾斯汀·德林格（他很快就会和读者见面）提出了这个问题。德林格并不这么认为。与其说警惕，不如说山狮本来就行动诡秘——这是经过漫长岁月进化出来的特征，或许因为这有助于它们成为杰出的捕食者。

包里加尔瓦尔的山丘类似梯田或婚礼蛋糕，看起来一层一层的。梯田为山坡耕作提供了平坦的地势，但我没看到农民在忙碌，再仔细一看，原来根本没有庄稼。纳哈解释说，这个地区经历了一次大规模的迁徙。村民们离开这里，去城里找工作，因为不管干什么活儿，几乎都比在山区耕作更轻松、还更能赚钱。梯田很难灌溉，作物成熟时，还会有猴子、野猪来打劫。从2001年到2011年的十年间，共有122个村庄人去楼空。光是从地貌中就能看出这种变化：一英里又一英里的梯田都被弃置休耕。这感觉就像在一张地形图上开车。有些地方，随着本土植被复生，等高线已渐渐模糊。这种"再野生化"催生了足够的灌木丛，狩猎的豹子尽可借此掩护自己的行迹。纳哈曾在《公共科学图书馆：综合（PLOS ONE）》上发表过一篇论文，为此采访了众多村民，近99%的人都认为这使豹子离人类家园越来越近。在包里加尔瓦尔，76%的豹袭人事件都发生在有中等或密集灌木覆盖的地方。

居民迁出后，很多牲畜被留在无人看管的地方吃草：这对豹子来说也是手到擒来的大餐。纳哈指出，在陡峭的斜坡上追逐猎物就像在斜坡上耕作一样，都挺难的。用山羊和小牛做晚餐就是小菜一碟。相比于鹿和其他自然界里的猎物，人工驯养的动物速度较慢，警惕性较低。

人类的小孩也一样。纳哈的调查显示，在包里加尔瓦尔，因豹子袭击而丧生的村民中有41%的年龄在1~10岁之间，还有24%的遇难者是11~20岁的青年。

这时，苏汉加入了我们的谈话。阿里特拉在打瞌睡，所以由纳哈为我翻译。"他目睹过这种事。"那是在1997年，一个13岁的女孩独自在田里用镰刀割草。大约是下午4点，一只豹子出现时，苏汉正在几码外的车里休息。"他眼看着一切发生，"纳哈说，"豹子从后面冲出来，跳到她的背上，牙齿刺穿了她的脖子，血喷出来，太残酷了。"

我问苏汉，那只豹子的身体状况如何？有没有瘸？老吗？瘦吗？吉姆·科贝特在他的另一本回忆录中提出过一个论点：他认为吃人的孟加拉虎或病或伤，攻击人类是因为它们的力气只够制服人类。（攻击本·比特斯通的那只美洲狮就属于这一类。）纳哈在一旁说道："包里加尔瓦尔的豹子并不属于这种情况。"他抓了抓自己的脸，一度精细修剪的胡须"再野生化"了。

苏汉表示赞同。杀戮结束后，村里人劝说女孩的家人暂且不要收尸，把尸体留在原地。豹子会回到捕获的猎物这儿来，所以他们叫来了当地的猎人。尸体被拴在一根铁桩上，猎人在一旁等待。后来，正是苏汉把豹子的尸体运到林业部进行尸检的。除了枪伤，这头豹子没有别的伤，也没有牙齿断裂或缺失。"它的身体好得很。"

纳哈说，在很多案例里，吃人的猛兽是有幼崽要喂养的雌性。辛格在书中表示，他很反对用"食人兽"这个词，因为它暗示了那只野兽"疯了"。这个称谓将矛头直指豹子，而非人类带来的诸多变化——森林骤减，生活在森林的猎物也急速消失。此外，他还指明一点：对于食肉动物来说，肉就是肉。"大型猫科动物会吃一切种类的肉……所以，为什么不能吃人肉呢？说起来，最初是谁给了这些大猫贴上了这种贬义的标签呢？"辛格自问自答：吉姆·科贝特。

纳哈的妻子施薇塔·辛格也是野生动物生物学家，这一程，她也加入我们的行列。这对夫妇是在印度野生动物研究所相识的，因为两人都在那里工作，但施薇塔并不是为工作而来的。她来，是因为这里很美，空气更清新，更因为那周是排灯节的长假，她想和丈夫一起度过。施薇塔比纳哈小几岁，性情更外向。对于野生动物研究以及它们生存的野生环境，他俩怀抱着同等的热情。我和她也有共通之处：我们都对五颜六色包装的印度零食情有独钟，每个街边小店里都挂着一长袋一长袋的零食，俨如连成一串的香肠。

到了一个小镇，苏汉停车休息。我们下车去喝茶（还买了两袋玛萨拉膨化零食）。咖啡馆的窗户下方就是陡峭的斜坡，再往下走到底就是恒河。透过白花花的河水可以清晰地看到源头的冰川。这里的温度明显降低了，女人们的纱丽下面都穿了毛衣。

纳哈在向我介绍林业部针对伤害或杀害人类的豹子的现行政策。在美国和加拿大，这类动物会被"高危转移"——这是操作人员的专用术语；在印度就不一样了，防御性袭击和掠食性袭击的区别很大——或者用纳哈的话来说，就看那只动物有没有被人类率先挑衅。只有当某头豹子害死了3个，乃至更多人，并且吃了那些人的肉，当地的首席州级野生动物管理员才会正式宣布它为"食人兽"，这之后，猎人或林业部的工作人员才能将其射杀。那么，他们怎么能确定死伤都是那只豹子所为呢？因为他们在这个地区安设了野生动物摄像机，已能辨识当地出没的豹子，知道它们各自的地盘在哪里。（可以根据斑点来确定它们谁是谁。豹子身上的花纹和人类的指纹一样是独一无二的。）

被宣判为"食人兽"后，该动物就不会再被转移。我们可以把印度的做法和北美野生动物机构的做法对照一下。如果你转移了豹子，而它在新的地方又杀了一个人，那林业部就可能要负起责任。关注人类与豹子冲突的研究者维迪亚·阿瑟瑞雅曾论述过：转移这件事本身就可能导致，乃至增加攻击的可能性。2001年，40头豹子被转移到马哈拉施特拉邦的一片森林，之后每年的平均攻击次数从4次跃升到17次——不仅因为这个地区的豹子总数增加了。阿瑟瑞雅将攻击次数上升归因于两个因素：首先，豹子在转运前的囚禁期间已经不再恐惧人类了；其次，被捕获、再被放归到陌生地带所带来的压力使它们更具攻击性了。

除此以外，和黑熊的情况一样，转移可能只能算一种临时的解决方案。把豹子从它的地盘上移走，另一头豹子很快就会接管这片区域。通常，新来的这位是刚刚离开母亲、刚刚成年的豹子。这就可能带来麻烦，因为没有经验的猎手更倾向于寻找容易得手的猎物。

那么，假如不转移它们，又能怎么办呢？林业部如何处置只犯过一次杀伤人类、或正在捕食人类圈养的家畜的豹子？纳哈刚才在看安装在我们头顶、咖啡馆墙上的电视机，上面正在播放一档自然类节目，现在他的注意力转回到我们身上了。电视机里的解说员正在讲述鬣鼬的实情。

纳哈说："可以诱捕那只豹子，然后关起来。"我问，关到哪里去？他用了"动物园"这个词。我又问能不能去那个动物园参观？

"那种动物园是不对公众开放的。"

所以，不是真正的动物园。我试着去想象。"开放的空间，像一个有围栏的保护区吗？还是笼子？"

纳哈用手抓了抓头发。在敞开的车窗边坐了4小时，他靠近窗边的头发已被吹得定型了。"都有。会把它们囚禁一段时间，然后放到更大的区域，让它们活动活动腿脚。"

"像监狱那样。"纳哈没有反驳我的这个类比，豹子要服刑。

后来，我在互联网上东搜西找，发现一个类似的地方即将改造：西孟加拉邦的克雷巴里救援中心，网上能看到改造规划书，离我们上周所在的地方不远。在一个封闭区内开设25个"夜间庇护所"。那不是为犯了事的豹子而设立的，而是让获救的马戏团老虎、失去父母的孤儿虎豹幼崽住的地方。这片设施区域也不对公众开放。

"固体和液体废物的处理"这个小标题引起了我的注意。"便溺"的处理方式与尸体不同，后者会被送到骨殖收集处。"通过这个途径收集到的骨头将被标价出售，从而得到处理。"西孟加拉邦政府是否参与了野生动物"药用"资源的非法贸易。既然老虎和豹子的骨头能卖出高价，我倒是很想知道，把无期徒刑升级为死刑会有多大的诱惑。

和美国一样，在印度也有些人反对政府的政策，宁可自己动手解决问题。但是，在美国——比如说，加利福尼亚州——人们会把熊从鱼类和野生动物管理局设下的涵洞陷阱里救出来；而在包里加尔瓦尔，愤怒的情绪却会朝另一个方向发展。村民们希望"食人兽"被处决，而且他们不想等到第2个、第3个受害者出现再去处决。暴民心态会迅速占据主流。我们这一路经过的一个小村子里，有只豹子最近咬死了两个人。村民们没有联系林业部，而是自己设下了笼子陷阱。一个会说英语的年轻人把我们带到诱捕恶豹的陷阱边。他说，"当时人们对它恨之入骨，所以，出于极度的愤怒，他们烧死了那只豹子，就在笼子里烧的。"接着是一段沉默，我误以为那表达了忧伤，没想到安静了一会儿后，他举起了智能手机。"我可以和你们自拍吗？"

施薇塔知道这件事。她在印度野生动物研究所的法医实验室收到了证据和遗骸——就这个案例而言是"骨灰，还有带血的石头"。林业部的工作人员将努力求证：村民们抓到的确实是犯事的豹子，但事实上，不管哪只野兽落入那个陷阱，村民们都会格杀勿论。施薇塔说："他们并不知道自己抓到的是不是那只豹子。他们只想以牙还牙。"如果这事儿处理得当，有关人员就会先比对DNA：看捕到的豹子的DNA与受害者皮肤或指甲下发现的DNA是否匹配。（找关联！）

纳哈环视咖啡馆。"这地方不适合谈论这个问题。"虽然这里很少有人说英语，但关键词他们还是知道的。今天早上，我注意到挡风玻璃上的政府标牌不见了。

实行三振或两振规矩的美国各州野生动物管理者也面临类似的难题。如果一个州采用永不杀生的政策，牧场主可能会亲自干掉犯事的掠食动物——野生动物专家把这种做法称为"开枪、刨坑、闭嘴"。

需要再次强调的是：民愤难平。"如果你是牧场主，绵羊就是你的命，"斯图尔特·布雷克在阿斯彭就曾说过，"这种事会牵涉到强烈的情感因素。"布雷克养了6头美洲鸵。你不会说美洲鸵就是他的命，但他决不会忘记那一天——他走到屋后，刚好看到邻居的两条狗咬住一只美洲鸵的脖子。而在喜马拉雅山区，被咬死的不仅是村民的家畜，还会是他们的家人。

纳哈从椅背上掀起他的外套，"我们走吧"。

中午时分，我们已深入豹子的国度。纳哈指向车窗外，就在那儿，有个11岁的孩子在放学回家的路上被豹子袭击，不幸丧命。刚刚驶过的5英里路上，纳哈一直在用单调而连贯的口吻——叙述死亡事件。

到了寇卡汉迪村附近，有一段孤独的公路，路边有个孤独的公车站。"有个老人就坐在那儿，结果被豹子扑了。"

下一个目的地是埃克什瓦村，路上，他继续汇报。"这儿有过两次袭击。一次是个老太太，早上5点。3年前，同一个地点，还有一个人遇害，38岁，刚从田里回来。"

在埃克什瓦村，庄稼地对面的马列塔森林里。"十五六个人在那儿割草。那次的攻击是最嚣张的。有个女人被叼走了。就在光天化日之下。"

苏汉把车停在路肩。对我们的车来说，去埃克什瓦的路太窄了，所以只能停在这里。纳哈从后座拉出背包，关上车门。他指着通向村庄的山坡。"就在这儿，有个女人被袭击，而且被吃掉了。在2015年的一个傍晚。"

我们步行了半英里，半路看到一个手拿镰刀的女人。"看到那位女士了吗？"纳哈说着，转头朝向她的方向，但没有用手去指，好像要分享村里人才知道的八卦，"她要进林子，独自去割草。她是在拼命。"但她没有选择,快要下冬雪了,奶牛要吃干草。

包里加尔瓦尔的地方政府采用"村长制"。若能赢得村长、牧师的信任和支持,你就能轻松地开展工作。纳哈到这个地区来过很多次了,和村长、牧师都建立了不错的关系,也显然得到了回馈。我们逗留的第一站就是埃克什瓦村长的家。村长不在,但他的兄弟纳雷德热情地招待了我们。纳雷德个子很高,牙齿稀疏,尽管天气寒冷,他却穿着人字拖,一只鞋是栗色的,另一只是灰色的。他邀请我们进屋,确切地说是上楼。每年的这个时节很少下雨,屋顶就成了起居空间。红辣椒摊在阳光下晒干。竖起来的卫星天线是靠一堆石块支撑的。

施薇塔帮我翻译。"他喜欢豹子,哪怕它们有时会吃掉他的家畜。他说那本来就是豹子的猎物,他可以接受。不管谁想杀豹子,他都不赞成。"用我去年遇到的一位美国牧场主的话来说——虽然他未必是个美洲狮权益保护者——"你有了一群牲畜(livestock),就必然会有一些死畜(deadstock[①])。"

纳哈已请求纳雷德兄弟俩建议某些村民加入野生动物反应小组。这和纳哈在孟加拉北部帮助建立的那类预警反应小组相类似,只不过,这儿的小组试图掌控的是人,而不是野生动物。大多数被提名的村民都是退伍军人,因为他们很受村民的尊重,而且——纳哈解释说——他们"有能力控制暴民"。我看到了组员们的装备清单,包括"厚度为3~5毫米的树脂防暴盾"和"警方使用的纤维

---

① 译者注:此处为谐音梗。Deadstock原意为不能移动的农具、机械或固定资产或滞销货。

手棍"。

　　施薇塔特别提到,当地村民对豹子有多恨,就对政府有多怨。要是有校车,孩子们就不必在黄昏时分步行两英里回家,这时被豹子袭击的风险最大。要是有医院和救护车,被豹子袭击也未必丧命。但现在什么都没有,豹子成了民愤的宣泄口。

　　纳哈在很多这类村庄里办了学习营。他建议父母让孩子们在放学后组团步行回家。他试图劝阻村民别把死掉的牲畜拖到路上给秃鹰吃,因为这些尸体也会招来豹子。在这种小村庄里,要改变人们的态度和行为,过程是很慢的。纳哈回忆说,在20年前的包里地区,发生过妇女夜间蹲在灌木丛中如厕时被豹子抓走的事。好歹把室内厕所造好了,村民们起初却不肯用。"他们很慢、很慢地才明白——在屋子里拉屎也是没问题的。"

　　纳哈去检查他前几次来时装的一盏灯。这是一项对照研究的步骤之一,为了评估"狐狸驱兽灯"是否有助于让豹子远离人类居所。这些灯是太阳能的,可以随机开关,模仿人类用手电筒巡逻时的景象,远看还挺像的。尽管是暂时的,但有效的解决方案正在慢慢形成。为了预防惯性操作,村民们应该间歇性使用那些灯。纳哈说,要让人们理解这一点非常困难。他们想让灯一直亮着。斯图尔特·布雷克和一些牧场主打交道时也遇到过同样的问题,为了吓跑土狼和狼群,他们将飘带系在家畜围栏的铁丝上。但当牧场主们看到这个方法挺有效后,挂完了就不管了,而不是限定在产犊季节和其他狼族捕食凶猛的时期使用。

　　今年,纳哈一直在鼓励村长申请圣雄甘地全国农村就业保障计划项目的资金。有了这笔钱,村里就能雇人清除房舍周围的灌木，再给牲畜们建造靠谱的夜间围栏。更先进的美国农业部野生动物服务局的操作人员给农场主们的建议也一样，因为一旦有山狮咬死他们的家畜或宠物，他们就请求处决那只山狮。假如野生动物服务部门不是"提议"这种做法，而将其作为硬性规定呢？假如由野生动物服务部门安排并支付清理灌木丛或建造围栏的费用，那是不是更好呢？假如落后地区的实际操作者不得不从最先进的做法开始呢？回家后，我打电话和斯图尔特·布雷克沟通了这些想法。他认为那不可能成为硬性规定。"更像是一套哲学吧。"

我没好气地长吁一声。"野生动物管理局只是口头说说，实际上啥也不干？"

"只能说，船头转得很慢。但这艘船确实在转向。"

这一天，我们在克苏村的山上过夜，野生动物研究所在那儿租了一栋小屋。屋里没有家具，也没有暖气，但在车里坐了几小时后，远眺山谷那边的景色实在让人心旷神怡。小屋后面的山坡上有片森林，村民们在树干上绑了一束束草，等着晒干，这样绑好就不会被自由放养的牛吃到了。阿特里拉和我站在阳台上，他一直盯着那些围着草裙般的大树。他听到了什么。

纳哈看了看他的表弟。"阿里特拉害怕会有豹子从山上跳下来。"他指向小屋一侧的一片沙地。"如果周围有豹子，沙地上就会留下脚印。"

一只像狒狒那样健壮的大黑脸叶猴从树上跳下来，飞快地跑过山坡，把我和阿里特拉吓得够呛。"啊哈，"纳哈说，"原来这就是阿里特拉的'豹子'。"说完，他进屋帮施薇塔准备晚餐去了。

为了欣赏风景（也因为我们没有桌椅），我们就在屋前的一块水泥地上吃饭。施薇塔生了一堆火，叠放小树枝助燃。有人开了一夸脱瓶装的教父牌超级烈酒。我们吃完时已过10点。施薇塔继续生火。纳哈正在谈论吃人尸的阿戈里"食人族"——印度教某支派的苦行僧。他的话突然被一声吼叫打断了，比尖叫声更响亮、更刺耳，勉强像人声。确切地说，是你想在恐怖电影里听到但未必能听到的那种音效。

"豹子！"阿里特拉说道，"是豹子！"他并不是说发出这种声音的是豹子。他的意思是有豹子正在袭击某个人。我知道他是这个意思，因为这绝对就是我想象中一个人被豹子处决前发出的声音——恐惧、剧痛、声带却被钳子似的下巴牢牢扣住。这声音就在我们下方，从山脚下传来，那儿有一条小路直通村里的小卖部和一排房舍。"起来，快起来！"我们确实如此，都立刻站起身来，立在原地惊恐地聆听，想搞清楚到底发生了什么。是豹子？还是精神错乱的人？喝醉的人？阿戈里？别的声音也从下方扩散开来，但听起来不像是很多人在围观豹子处决邻人，或试图阻止这种局面。很快，声音渐渐消失了，想必那个受尽折磨的肉身被带走，或被赶走了。

天色已晚，路很陡峭，没有灯光。我们明天早上再去问个清楚吧。

第二天早餐后，我们收拾停当，带着各自的行李，沿着小路一脚深一脚浅地走向汽车。炊烟从山坡下的房舍里升腾而起，也传来了喜马拉雅山区清晨的声响——女人在扫地，男人在咳嗽，牛铃叮当。到了山脚下，纳哈下了车，和站在门口的一个妇女聊了几句，想知道昨晚发生了什么事。

他上车后向我们转述了实情。不是豹子或醉汉。"恶魔附体。"我听到他用他特有的干脆利落的方式说出这句话，好像这种事也没什么大不了的，和扭伤脚踝差不多。

这里常有这种事吗?

阿里特拉把一堆睡袋推到苏汉的掀背式后备厢的最里面。"至少每月一次吧。"他想了想才这样回答。

我不禁回想到鲁德拉布勒亚格的牧师对纳哈说过，豹子杀3个人就算魔鬼。所以，昨晚出现的大概终究是豹子吧。

我们今天的目的地是德拉敦市，纳哈、施薇塔以及印度野生动物研究所的所在地。我们可以不管恶魔，但未必能抛下豹子不管。2009年，有只皮包骨头的豹子出现在德拉敦。在这只动物被射杀之前，共有19人因它受伤。

因为大多数潜入城市的印度豹子都是在晚上行事的，抓一条流浪狗，翻捡垃圾堆，然后在天亮前返回森林，这种夜游通常神不知鬼不觉，没被人类注意到。但当这些大猫在天色破晓后仍在市里徘徊时，麻烦就来了。H.S.辛格的书中归纳了43个案例都属于"在城市中游荡的豹子"。它们做的事和人类没两样。它们去寺庙溜达，在大学校园漫步，还去医院。有天下午，一只豹子现身于棉花研究总所。在昌迪加尔郊外的一个乡镇，有个女人回家后发现一只豹子在她的床上睡着了，面前的电视还开着。2007年，有头豹子在古瓦哈提市和周边地区逛了好几天，最终被困于一座高档购物中心里，目击者说它"在自动取款机附近徘徊"，好像很缺现金的样子。

顺利的情况下，在城市里溜达的豹子很快会被麻醉，继而放归到附近的森林。但事情的发展更可能没那么遂人心愿，就像以下这个案例——豹子跃过了宝莱坞明星赫玛·马利尼家的围墙：

1. 最先遇到豹子的人跑的跑，藏的藏。（"园丁和看门人把自己锁在一个房间里。"）还有一种情况与之相反，但也很常见：豹子被锁在卧室或浴室里了。

2. 警察被叫来了，但他们没有麻醉飞镖，也缺乏相关培训，所以基本没什么用。（警队中的一名警员试图进屋，豹子就冲他们咆哮，结果警队只能在外面等林业部的人过来。）不过，有一句说一句，事实证明还是有些警官有临场应变能力的：有一次，警方接到电话说德里郊区一家胶合板工厂内有一只豹子，警员们急中生智，抬起一只板球击球笼，直接扔过去，罩在了那只大猫身上。

3. 还没等林业部到达（就赫玛·马利尼案例而言是等待了4小时），豹子早就跑了。马利尼家的豹子可谓是毫发无损地逃脱了。

印度野生动物研究所坐落在一片小森林的最外圈，但纳哈不记得出没在德拉敦的那只豹了。游荡在研究所周围的是恒河猕猴，足有几十只。还有一队猕猴研究人员，我打算明天去拜见一下。

现在，我们已行至半路，快要到德拉敦了。施薇塔戴着耳机，随着节奏点着头。阿里特拉在费力地向我解说印度教的详情。我们下山时，那只黑脸庞、金灰色毛发的叶猴一直在我们车前晃来晃去，时而在屋顶、时而在树上，但现在看不到它了，取而代之的是粉红色脸蛋的小猴子，毛发的红色更浅淡，正是恒河猕猴。这些猴子会径直沿路走，还会坐在水泥板护栏上，等待车窗里的人给它们吃食，或是扔出来的垃圾。

印度北部的每个人都有很多猕猴的故事。有天早上，纳哈醒来时发现一只猕猴坐在他胸口上。经过一番短暂而专注的对视，他突然扯掉了隔在他们之间的毯子，那只猴子就跑了。还有一次，一只猕猴从他们公寓楼后面的楼梯爬上来，直接跳到他家的厨台上。"它完全可以吃吃喝喝就离开，但它没有。它拿起电磁炉，扔到了地上。它就这样进屋、捣乱、离开。这让它感觉这一天没白过。"

我听说猴子们会抢走人的太阳镜。"是的，"纳哈说，"甚至可能是手机。然后，它们就从树上把手机扔下来。它们生活的主要目的就是骚扰人类。"

施薇塔取出入耳式的耳机。"它们这样做是因为可以得到回报。猴子抢走一个人的手机后，那人会回来给它好吃的，因为大家都知道猴子会拿走食物，因而放弃手机。"

但纳哈不认同这种说法。"施薇塔，你还记得它们那次爬上天台，把花盆都翻倒过来的事吗？"他转向我，接着说道，"后来，它们会去那儿拉屎，就在掀翻花盆的那个位置。看到人类被骚扰，它们感觉特别好。"

施薇塔又戴上了耳机。

纳哈朝着车窗外看。"绝对是特别的好。"

第 5 章　猴子问题

猴群劫掠成性，"计划生育"势在必行

印度野生动物研究所就是由露天走廊连通的一堆杂乱无章的混凝土建筑。因为走廊两边都没有墙，所以时不时能看到从旁边的林子里跑来的恒河猕猴在人类身后走动，甚至擦肩而过。两个物种都不太在意对方，好像猴子也有会要开，也有资料要复印。这种不冷不热的共存态与印度其他地方的人猴关系状况形成了鲜明对比。

　　我到的那星期，《印度时报》最显眼的头条新闻标题是"猴群围攻阿格拉"。那个占据多版面的特刊还配上了标志性的"猴子出没"双色警示图标，字母O被设计成一只露出獠牙的猴头。头版新闻报道了恒河猕猴从一个妈妈的胸前夺走了婴儿，导致婴儿受了致命伤。《印度时报》的另一篇文章提到"本月早些时候，一群猴子用石头砸死了一位72岁的老人"。《国家先驱报》在报道阿格拉事件时写道："猴子成群结队地从一片地区行进到另一片地区。"我一直通过网络密切关注德里和阿格拉的猴子新闻，印度的报纸在之前的11个月里报道了8次恒河猕猴发动的"致命袭击"。

　　这十几年里，猴子导致的人类阳台坠楼事件也越来越频繁了。我发现，仅在过去3年里就有6起这样的死亡报道。最著名的当属2007年德里副市长S.S.巴杰瓦的坠楼事件。巴杰瓦去阳台透透气，结果被一群打算冲进屋里找东西吃的恒河猕猴吓到了。就在他试图阻止它们——也可能是想从它们身边逃走时（因为没有目击者，所以无法确定），他脚步不稳，翻下栏杆，掉了下去。

　　虽然我对"袭击"这个词所暗示的敌意持保留态度，但猴子闯进你家里肯定会带来极度不安的体验。最近我去了一次乌代浦尔（Udaipur），每天晚上，我都会坐在某家屋顶餐厅里眺望黄昏背景里的叶猴和猕猴的身影——它们正要开始夜间掠食活动。它们会在防火梯上跑酷，从一栋楼跳到另一栋楼，就像汤姆·克鲁斯在奋不顾身匡扶正义。有天晚上，我正在吃一碗平淡无奇的辣木豆，一抬头就看到一只叶猴蹿上了我桌子上方的装饰梁。要不是侍应生抬手抄起一根棍子赶跑了它，这顿晚餐肯定会在眨眼间让我终身难忘。如果一只体重40磅的猴子突然从天而降的话，你肯定会不假思索地挪动身子。如果你碰巧在阳台、屋顶上，也可能眨眼间就掉下去了。

根据这些报纸上的数篇报道可知，印度野生动物研究所正在研制一种避孕疫苗。《印度时报》上是这样写的：这种疫苗能"在几分钟内使动物'绝育'"。这岂不是最理想的办法——为数量过多、滋生问题的野生动物提供操作简便、作用持久的节育措施！去印度前，我无法通过电子邮件与研究所的研究部主任卡马尔·库雷希确认预约的见面日期，而且，在排灯节假期中，他出城度假了。等我们回到德拉敦，纳哈说他可以陪我走一趟，以便我当面纠缠这位主任。

现在是星期一早上九点十分。我在大门口等纳哈。门卫把滚轮办公椅推到日头下，让我坐着等等。这个门卫穿着腰间带流苏的制服，戴一顶插了羽毛的华丽的贝雷帽，好像他在守卫的是皇室成员，而非一群野生动物学家。一过大门就有个小院子，四周围了铁丝网，最上面有蛇腹形刺带网。一只恒河猕猴绕着铁丝网漫不经心地溜达着。

纳哈走过研究所里的草坪，出来接我。我们走到主楼时，他解释说库雷希正在周一上午的例会上。他带我去库雷希的办公室，还向我保证，他会让库雷希知道我在等他。

库雷希的办公桌上的小玩意儿都是以野生动物为主题的——铅笔杯有斑马纹，水壶有老虎纹。我的左手边有一扇滑动玻璃门通向阳台——没错，恒河猕猴就曾两次把这个阳台作为入口，风卷残云般洗劫了文件资料和办公用品，东西乱成一团后，猴子们发现没有东西可吃，又从原路返回，风一般地跑了。跟我讲述这件事的男人就坐在这间办公室最里面的那张办公桌后面，与其说"讲述"，不如说是哑剧式的表演，因为他不会说英语，我也不清楚他的职务。他穿着条纹短袖衬衫，搭配同款条纹马甲。这地方永远都有条纹啊。

秘书走进来，把两个文件夹摊放在库雷希的桌上。表格上贴了些便利贴。"不标清楚他就会到处乱签！"她笑着解释说，"库雷希先生知道你在这里吗？"

"哦，是的。他在开会。"

她咯咯笑起来，听起来不太妙。"他开起会来没准儿。祝你好运。"在她身后，那个条纹男正在打盹，身子都歪了。院落那头的屋顶上有只恒河猕猴贴着边缘迈着小碎步。

库雷希是11点左右回来的，身边还有他手下的几个研究员。他又瘦又高，是个善于交际、热情洋溢的人。他没有敷衍地对我说"你好"，而是"你觉得印度怎么样？你的肠胃还好吗？"

在深入探讨科学问题之前，我们更宽泛地聊了聊印度及印度动物们的困境。库雷希说："整个国家就像个避难所"。他边聊边签，跟随便利贴的指引写下自己的名字。"从这个意义上讲，我们的法律还是相当严厉的。"自从1972年通过《野生动物（保护）法》以来，在没有许可，或没有官方宣布某一特定物种为"害虫害兽"

毛茸茸的罪犯

的情况下，处决或捕获野生动物就属于违法行为。库雷希的视线越过老花镜的上缘，瞥了我一眼。"老百姓们也都赞同。"

印度教里的神灵多半显形为动物的样貌，或是半兽半人，或是几种动物特征的组合，或有动物配偶，或有动物坐骑。我跟他聊起自己第一次来德里的经历，当时，有只活生生的老鼠从人行道上方的某处掉下来，直接掉在我的脚背上。"你很有福气！"和我聊天的这位主任当即说道，"老鼠是象头神犍尼萨①的坐骑。"

库雷希手下的研究员们一直在旁边认真地听我们聊天。"万物皆神灵！"一个名叫乌达拉克·宾得哈尼的项目研究员大喊出来，"罗勒也是神！是毗湿奴②的一个妻子。"

"细想一下，"年轻的行为生态学家迪维亚·拉梅什说道，"你就会觉得这是特别好的事，因为人与自然之间有如此伟大的紧密关联。"

然而，即便是印度教教徒，宽容也是有限度的。尤其在这位信徒是农民的情况下。对印度农业来说，排名最前的害兽恰好就是神圣的动物。大象代表象鼻神，猴子代表猴神哈努曼。野猪是毗湿奴的一个化身。尼尔盖（nilgai），又称蓝牛，实际上是一种叫蓝牛羚的羚羊，但词尾gai的意思是牛，而牛是神圣的。州政府想选择性捕杀这种动物时，首先推动的事宜是改名。作为动物，尼尔盖现在的专有名词是roj：森林羚羊。

虽然媒体无休无止、连篇累牍地报道"猴子危机"，但阿格拉

---

① 编者注：梵名 Ganesha，Ganapati，为印度教及印度神话中的智慧之神，破除障碍之神。
② 编者注：梵名 Vishnu，印度教三相神之一。

和德里的政府都没有官宣恒河猕猴是害兽。就算他们真的官宣了，估计也很难找到除害的执行者。"愿意去杀猴子的人，"我刚认识的驻德里的记者尼兰雅纳·帕米克说过，"你一个也找不到。"根据目前的政策，只能先去抓恒河猕猴，再进行异地安置，但即便如此，德里市政府的兽医部门花了很长时间都找不到人去抓猴子。甚至一些非印度教教徒也会对这个工作敬谢不敏，因为抓猴人经常受到骚扰和威胁。

火上浇油的是 —— 供奉 —— 每周二和周六，信徒们都会去哈努曼寺庙做普阇（印度教的礼拜）。信徒们会向庙里供奉的神像献上椰子和金盏花环；再向在庙外游走、凡间的猴神代表们献上萨摩萨和芒果饮料。地球人都知道，喂养野生动物堪称导致冲突的最快捷径。反正总归有吃的，那些通常在人类面前有"社恐"心态的动物就会得到鼓励，愿意去冒一下险。冒险的行为得到了奖励，行为就会升级。胆怯晋级为无畏，无畏晋级为挑衅。如果你不交出手里的食物，猴子就会亲自伸手去抓。库雷希说，如果你不肯放手，或是把猴子推开，它可能会扇你一巴掌，甚至会咬你。《印度时报》上说，2018年，德里医院的记录是共有950人被猴子咬伤。

库雷希回想起一件事，那时他去喜马偕尔邦的哈努曼神庙参加一个野生动物会议。招待他的东道主警告他不要随身携带任何有价值的东西，因为猕猴见什么抢什么，再等着你用食物去赎。库雷希就把他的手机和钱包都锁进了汽车的置物箱。"结果那家伙就来了，还 ——"库雷希站起来，把口袋从里到外掏出来，"真的！就这样。那些猴子会把手伸进你的口袋，好好地搜查一番！"

我也有猴子故事 —— 发生在拉贾斯坦的邦迪附近，确切地说是在一条穿过灌木丛、通向邦迪城上方的十四世纪堡垒遗址的小路上。我知道那里有猴子，因为一到黄昏，随便哪儿的栏杆上都能看到它们的身影。我是一大早去的。我带了香蕉。我是故意的。我想知道被猴子打劫是什么感觉。我的朋友斯蒂芬跟在后面，手里紧紧攥着智能手机，准备记录罪行。第一张照片拍的是我，低着头，每走一步都战战兢兢的，橙色的塑料袋在一只手里晃来晃去。但你若仔细看，就会看到一只棕褐色的小脑袋已从远处的一块大石头后面冒了出来。在取景框之外，还有一只猴子按兵不动。一群"亡命之徒"在等待公共马车的到来。当我走近那块大石头时，第一只恒河猕猴跳到了我面前。我俩面对面站定、互相打量时，另一只猴子突然从我身后冲出来，一把抓住了香蕉。声东击西！要我说，这不算一次袭击，更像是快闪式的抢钱包，发生得太快，根本来不及让你害怕。

2008年，德里市政府通过了禁止喂养野生猴子的法规，但根据一则新闻报道所说，至今并没有开出任何罚单。在德里市康诺特广场的哈努曼神庙外，我看到过一个男人慢慢走近一群猴子。他有种鬼鬼祟祟的样子，侧目四下暗察，好像他要接近的是妓女，而不是猴子。他迅速地递出一袋西红柿，看着一只胖胖的母猴蹲坐在那儿，手势熟练地挤出果肉，把黏糊糊的果皮扔在路面上。有个寺庙的员工目睹了这一幕，但他无动于衷。

库雷希强调说，因为那个员工明白那种做法的重要性。"你想上天堂吗？那你就得喂它们。你想在天堂谋个好差事、预订豪宅吗？那你就得喂它们。"

"恰恰也是这些人，"拉梅什接着说道，"哭着喊着说'把这些猴子赶走呀！'"

　　库雷希合上了文件夹，放下手中的签字笔。"许多人，你采访他们时，他们都口口声声说'不要杀它们呀！'因为他们只不过希望它们消失。"这种心态搁在全世界任何地方都一样——野生动物邻避主义（又称自护反对主义）。公园里的松鼠好可爱呀，但在你的花盆里刨坑的松鼠就该受到严厉谴责。

　　库雷希又补充说，政府执行选择性捕杀——此处特指射杀野猪和蓝牛羚——要面临的另一个问题是，虽然法规允许人们杀它们，却禁止人们吃它们的肉。"在我们这儿"——他指的是印度——"你不会为了杀而去杀一种动物。只有精神病人才那么做。"

　　最大的希望只能寄托在科学上了，但愿科学家能想出一套针对问题动物们的节育方法。库雷希的团队确实一直在研究针对猕猴的免疫避孕疫苗，但没有像《印度时报》上说的那么夸张——能让动物在"几分钟内"丧失生育功能——也不会像其他新闻报道里提到的那样"可以口服"。库雷希把手肘撑在桌上。"给猴类用避孕药是一个牵强的美梦。"你需要确保有足够多的猴子定期服用足够剂量的避孕药，还要用某种方法预防其他物种也去吃①。

---

　　① 英国的研究人员已跃跃欲试，打算试用这一招——当然，不是用在猴子身上。英国经历了几十年大规模、全国性的反灰松鼠运动，还通过了议会的一项硬性规定，但至今仍未能根除这种"最不受欢迎的外来物种"——引用尊贵的曼斯菲尔德伯爵阁下在 1937 年 6 月 29 日上议院会议上的原话。现在，科学界发力了。研究人员一直在测试安置在树箱中的免疫避孕诱饵，这些箱子经过特殊设计，深受英国人民喜爱的红松鼠不会进去——灰色外来移民已稳步占领了这些红色小可爱们的地盘。到目前为止，根据诱饵中的生物标记物可知，展开试验的这片森林中的大多数目标灰松鼠似乎都服用了一定的剂量。祝你们好运，英国人。英国只剩 12 万只入侵松鼠了，而美国的入侵者数量高达数百万。

在条件受控、针对单一物种的情况下，口服避孕药是最实用的。比如在下水道里。为了控制挪威鼠的数量，美国一些城市已开始使用名叫ContraPest的口服避孕药，药性主要来自于两种活性成分。第一种是可以减少卵子数量的VCD（4-乙烯基-1-环己烯二环氧化物）。最早，VCD被用作工业增塑剂，但在进行人类健康和安全测试时发现它是一种内分泌干扰物，它才开始了自己的职业避孕生涯，换了跑道，被用于啮齿动物的生育控制。因为VCD的药效充分发挥需要时间，所以又添加了第二种化合物——对男性也有用的雷公藤甲素（Triptolide），服用期间，动物的精子和卵子的活力都会受到重创。目前尚不清楚这两种物质加在一起能否有效地让整群老鼠永久性绝育，但美国有一些城市已在用这种避孕药了。不过，猴子是到处跑的，还能获得丰富的食物，这个解决方案用在猴群身上好像不太靠谱。

印度野生动物研究所正在进行一项名为PZP（猪卵透明带）的注射型免疫避孕抗原的试验。透明带是一种带有精子受体、围绕在卵子外围的丝状蛋白。给雌性动物注射另一种动物（比如说：猪）的透明带抗原，会激发其本身的免疫系统，产生针对它自己透明带的抗体。这些抗体黏附在受体上，使精子无法进入卵子，受精受阻。

实际操作起来障碍重重。和许多疫苗一样，PZP需要加强针确保免疫系统的保护作用。针对行动自由的动物，这种操作显然很难。第一次围捕和给一定数量的动物注射已很费时，也很费钱。注射加强针不仅会叠加时间和费用，还需要某种永久性的标记——比如文身——好让打针的人知道哪只动物打过了第一针，哪只还没有。

在美国，一种合成的透明带避孕抗原已在试用中——受体主要是在封闭地区的动物种群。阿萨提格岛上的野马就很符合要求：它们总是成群结队地移动，而且生活在小岛上，所以操作起来相对容易，打针可以一次性完成。再过3~6周，再来一遍，之后每年打一次加强针似乎就可以了。但要在印度大城小镇游荡、数以万计的野生恒河猕猴身上实施这种操作，连试都没必要试。

针对猴群，透明带避孕疫苗还有另一个问题。没有受孕的母猴很快就会再次发情，而它们每次发情，公猴都会以繁殖季的标准做法予以回应。这就是说，它们会在大部分时间里变得更具攻击性——不仅对其他猕猴如此，据说对人类也是如此。在美国的一些PZP试验中，白尾鹿也发生过这种情况。白尾鹿对人类没有攻击性，只是更频繁地四处游荡，寻找交配的机会，而这种游荡会横穿道路乃至高速公路，对鹿和司机来说都不是好事。美国的免疫避孕研究集中在一种可以阻止性激素作用的疫苗，多半也有这方面的原因。名叫GonaCon的避孕疫苗可以让雌性动物失去交配的欲望，不再有规律地发情。在北达科他州马匹数量众多的西奥多·罗斯福国家公园里，在初次注射和一次加强针注射后的7年后，92%的母马都不再生育。这项研究仍在进行中，希望能证明这种不孕永久有效。

有没有一种免疫避孕疫苗，可以注射一次就确保永久不孕？目前，国家野生动物研究中心和美国土地管理局正在一群野马中进行测试，这群野马数量太多，已超过了牧场所能供养的程度。试用的针剂里包含两种活性成分（BMP-15和GDF-9）。针对这两种成分的抗体会阻碍卵子与周围的细胞进行信息传递，因此，卵子永远不会成熟。因为这种疫苗不需要对动物进行标记，也不需要跟踪它们以便后续打加强针，所以，在城郊区的猕猴群身上用这个办法似乎有望一劳永逸地解决问题。

库雷希看得更远，他认为免疫避孕或任何形式的猴群避孕手段都会面临一个问题——人们想看到立竿见影的效果，一旦开始操作，他们就希望问题立刻消失。"但你并没有处决那些动物，"他说，"它们照样过自己的日子。"城市里的猕猴寿命在12～15年。库雷希估计要七八年才能看到猕猴的数量下降——少到足以让印度老百姓注意到这种措施起效了。"人们会说，'你们花了那么多钱，怎么问题还没有解决？'"

库雷希很客气地起身告辞，他还有一个会要开。拉梅什送我出来，走到外面叫了一辆三轮车，跳上车，坐在我旁边，吩咐司机开往我的酒店。路上经过一条干涸的河床，人们都往上面倒垃圾。每次我经过这个地方，都能看到猪或猴在翻捡垃圾。我问，当地是否有像科罗拉多州那样管控垃圾的做法。

拉梅什答说有一项清理运动正在进行中。有些地区以前只设有社区垃圾场，现在也配了垃圾车，从一栋楼开到另一栋楼。垃圾车开到某一片小区时会播放特定的美妙旋律。

我问这项举措进展如何。拉梅什笑了："那些楼都是超高层的，所以没人愿意下去把垃圾放进垃圾箱，他们就把袋子扔出窗外。"

人啊人！

说起印度的"猴子危机"，倒是有一点让人略感满意：受其影响的往往是上流阶层。城里的猴子喜欢有树木的公园和其他景观

空间 —— 也就是富人们住的地方。它们穿越树枝和绿植,很快就能找到跃上屋顶和天台的途径,或是跳进敞开的窗户,登堂入室。它们扫荡了律师和法官的豪宅与办公室。猴群出现在总理的住所、议会大厅里 —— 也因此登上了报纸头条,成了记者们最爱搬弄的故事。

"它们就在房间里走来走去!"梅拉·巴蒂亚是个律师,代表一个备受猴子骚扰的高档住宅区的居民进行上诉。有天下午,我约巴蒂亚在德里的一家咖啡店碰头。她告诉我,她是一家高档会员制健康俱乐部的成员,总理纳伦德拉·莫迪也是那家俱乐部的成员。"俱乐部开了一个新泳池,结果猴子们都下水了!"

巴蒂亚所代表的社区提起了公共利益诉讼,2007年,德里高等法院裁定该市的兽医部门必须采取有计划的行动。目前,这个重担只压在一个人身上:首席兽医R.B.S.亚吉。再过半小时,我就要如约和他碰面了。

亚吉的办公室在南德里市政公司 —— 德里的行政中心 —— 的第18层楼。电梯要等10分钟,好像要帮你在开会前调整好心态。气急败坏的公务员们肯定一直频繁地按"上"的按钮,以至于按钮受不了了,在某一时刻会抽风失效。所以,墙上贴着一块告示 —— 请勿反复按。

我等。有个门卫推着拖把横穿大厅。他走出了一条完美的直线,很慢很慢地,几乎有仪式感,俨如新娘走在教堂的过道里。还有一个人用长柄拖把在前门外的黑色大理石瓷砖上拖地,你尽可对德里政府说三道四,但必须承认他们的地板一尘不染。

亚吉招手让我进门。他让我随便坐,他的办公桌前有两把椅子，但另一把椅子已经有人坐着，那人显然还没和亚吉谈完他的事，也可能他只想再坐一会儿。亚吉身后的墙上挂着相框，照片上是一只考拉。还没等我自我介绍，亚吉就开口了。"我们一直在遵照德里高等法院的指示抓猴子。眼下，我们有两个捕猴人。诱捕后，我们会把猴子重新安置到阿索拉·巴蒂矿区。这部分的细节可以去问德里政府的首席野生动物监管员伊希瓦·辛格博士。你见过他了吗？"

我仍在尝试。去印度前的几星期里，我就一直拨打林业部网站上列出的伊希瓦·辛格的电话。日复一日，但都没人接听。后来我才知道，只有傻瓜才会照着政府官网上的电话号码联系印度官员。

多年来，亚吉和辛格 —— 市政公司和林业部 —— 始终在踢皮球。市政公司坚持认为，猴子是野生动物，所以，管好它们理应是林业部的职责。而林业部呢，认为城里靠施舍生活的猴子已不能再算是野生动物，因此不属于他们的管辖范围。

我听说有一项针对德里恒河猕猴的手术绝育计划。我向亚吉询问细节。

"这也是德里政府首席野生动物监管员伊希瓦·辛格先生的课题。"

虽然我知道答案，但我还是问了亚吉：为什么没人给那些在寺庙喂猴子的人开罚单？

"如您所知，处理猴子的问题牵涉到宗教。我请求您联络德里政府首席野生动物监管员……"

我替他把话说完："……伊希瓦·辛格先生。"

"是的，他会告知您详情的。"

"喂食是违法行为，对吗？"

"这是首席野生动物监管员需回答的问题。"请勿反复按。

亚吉和辛格为谁该负责争论不休时，德里市比较富裕的居民们决定自力更生。商用建筑和富裕人家自掏腰包雇用猴子专管员，他们会牵住叶猴进行巡逻。印度叶猴就是我在包里加尔瓦尔和拉贾斯坦邦看到的那些可爱的黑脸猴。它们的体形比恒河猕猴大，所以猕猴会和它们保持距离。坐在邦迪山路边的那只叶猴肯定是我上山去城堡的一路上都没看到猕猴的原因。我与它对视时，它噘起上唇，露出犬齿。俨如你把大衣往后甩，露出腰侧的武器，这个姿态完全达到了预期效果。我垂下眼帘，继续往前走。

"禁止用叶猴（巡逻）。"坐在另一把椅子里的人终于找到了发声的机会！他做了自我介绍，他是亚吉手下的一名兽医。"非法的。"因为《野生动物（保护）法》有明文规定。但梅拉·巴蒂亚告诉过我，她们那个圈子里的人还是会悄悄地明知故犯。"我不知道我们能不能查出总理府上到底用了多少只叶猴，但是……"[1]接着，她突然换了话题，讲起一只猕猴的事，那只猕猴溜进了印度医学科学研究所，从好几个病人的手臂上拔出静脉注射针头，像孩子用吸管喝饮料那样直接嘬着输液管吸葡萄糖。

严厉打击猴子监管员现象后，市政公司雇了10个人，训练他们模仿叶猴的叫声。你可以上网，看他们 —— 也听得到 —— 是怎样工作的。有家报纸声称他们还穿着模拟叶猴的道具服装，但并

---

[1] 唐纳德·特朗普（Donald Trump）和妻子梅兰妮在2020年访问泰姬陵时的安保配备包括准军事部队、武装警察部队、国家安全局突击队，以及5只叶猴。

不属实。（然而，萨达尔·瓦拉巴伊·帕特尔国际机场雇了一名男子穿上熊的道具服装，把跑道上的叶猴吓走，以免航班延误，这件事好像属实。）

"那些模拟人员呢？那套办法行得通吗？"我索性直接向另一把椅子上的兽医发问了。

"那不能真正解决问题。充其量不过是把猴子吓跑，从这里跑到那里。那并不是永久的解决方案。"非永久解决方案还包括：Avi-Simian驱猴声波仪、弹弓驱猴人、窗台塑料蛇、叶猴尿（有一名男子告诉《纽约时报》，他"有65只叶猴，可以牵着它们去一些豪宅撒尿"），以及真人大小的"叶猴公仔"。

亚吉摘下老花镜，终于，自打我落座后第一次全神贯注地和我说话，"告诉我，你有什么好办法来应对印度的这种状况？"我打心眼里相信他真的很想听到好建议：崭新的思路，哪怕是奇思妙想、天马行空，只要能安抚对猴类又爱又恨的广大民众就好。

我对他说，在美国的一些城镇，政府对垃圾处理采取了有效的管理。但我嘴上这么说的时候，心里也明白，在德里这么大、这么混乱的城市，这种措施必将无的放矢。亚吉移开了视线。"猴子不太会去捣鼓垃圾的，那是狗干的。"狗，R.B.S.亚吉将详细解释这一点。没错，整治流浪狗确实在他的职责范围内。在德里，被狗咬伤的人比被猴子咬伤的人多，而且，猴子和狗的不同在于：狗可能携带狂犬病毒，疏忽不得。但狗咬人事件登不上头条，不像猴咬人事件那样能博得眼球。（在印度，咬人致死数量最高的动物是蛇——每年约有4万人因被蛇咬而丧命，但即便是排名第一的蛇咬人致死事件也抢不到头条。我在网络上设置了有关"蛇"和"德里"的新

闻提示，但至今只收到一条视频推送，拍了一只猕猴如何逃脱了
耍蛇人的蛇。）

亚吉又戴上眼镜，伸手拿起桌上的一份打印件。"今天早上，
我刚好在收集美国流浪狗的资料，"他大声地读出来，"流浪狗已
成为美国城市最严重的公共管理问题之一"。我把我所知道的城市
在脑海中过了一遍，还想到了很多困扰城市的其他问题。

"流浪狗？"

他往下读："'成群的野狗在美国城市的街道上游荡'，真的是
这样吗？"

那份资料援引了《大福克斯（北达科他州）先驱报》关于几个
原住民保留地问题的一篇报道。这倒是激发了我的新思路，促使
我去深思：印度媒体在多大程度上夸大了猴子袭击人类的事件，
添油加醋，甚或编造？就拿《印度时报》上那篇"用石头砸死人"
的报道来说吧。根据另一份报纸的文章，警方调查员是这样说的：
死者在一堆砖头旁睡觉，猴子跳上砖堆，砖头倒下来，砸在他的身
上。因猴子而被砸死，这么说没错，但要说是猴子用石头砸死人就
不太地道了。

我怀疑媒体对某些事件有所渲染，但猕猴确实影响了这些住
宅区的生活质量。在印度全国消费者投诉论坛上用"猴子"这个
关键词去搜索就能看到八百多例诉求政府"解决当务之急"，这
是一句常见的恳请用语。以下是一封典型的投诉信，第46区的拉
维·乔杜里"罗列我们面临的日常问题清单"：

1. 花盆被打碎

2. 大门和灯柱遭到破坏

3.孩子被咬

4.居民很惊恐

5.电缆被弄断,水箱被污染

应暂时允许叶猴在该地区出没。

谢谢。

我问亚吉,每年950起猴子咬人事件的统计数字是否属实。

"猴子咬的,会在医院里留下记录。那属于另一个部门管。"

对这位先生来说,还有什么问题会有真正的答案呢?"亚吉医生,你喜欢猴子吗?"

"喜欢啊,当然了。我是兽医。"

"我猜你喜欢的是考拉。"

亚吉转过身去凝视着墙上的考拉照片,"可爱的动物,非常可爱。我2010年去了澳大利亚。这张照片是我拍的。"那段回忆似乎抚慰了他。他在拍纸簿上写了些什么,写完撕下这一页,对折后递给我。看上去像是一番好意,铁石心肠融化成细细的暖流。我展开那张纸,上面写的是伊希瓦·辛格博士的手机号码。德里政府的首席野生动物监管员。

整整12年里,亚吉属下的捕猴人已把21 000只恒河猕猴转移到了德里南部的一个废弃的巴黎石膏矿。那个地区已被命名为阿索拉·巴蒂野生动物保护区,四周建起了玻璃纤维墙。他们曾计划种植果树来喂养这些类人猿居民,但计划并未实施,所以只能将一卡车一卡车的食物运送进来。浮现在我脑海中的画面是这样的:寸草不生的荒地里挤满了满身尘土、吃着烂蔬果的猴子。

猴子区是不对公众开放的。就算你提出申请也进不去,或者说，没有填写大量的文件或没人帮你牵线搭桥就进不去。我坐上电动人力车离开市政公司，在车上给我认识的记者尼菈·帕米克发了条短信，"想来一次公路旅行吗？"

这个挑战对她很有吸引力，我们决定说去就去，不打招呼，看看我们能有什么发现。

工作人员和我们打起了太极，"你们必须去大厅那一头，和林业部的官员谈妥。""你们必须去自然历史中心找普拉萨德夫人。""现在都是泥，道路已封闭。"尼菈欢快地坚持到底，不管遇到谁，她都上前搭话。回到行政大楼外，停车场里的一个女人为我们指明了方向：一位看起来很优雅的白衣男子——白色外套配白色马裤、白色头巾，白色胡须的末梢飞扬在两边，像两笔美妙的草书。他说他叫古尔吉，他要搭车去植物苗圃，那儿离关猴子的区域不远。就这样，我们进去了。开车挺进的一路上，尼菈担任翻译。

古尔吉在苗圃工作，但这3年来，他也一直在负责照料猕猴。亚吉不愿意说的事，古尔吉都乐此不疲地告诉我们了。市政府每天要花4万卢比为这些猕猴买吃食：苹果、玉米、黄瓜、卷心菜、芽菜、香蕉。"香蕉每天都有。"

到猴子区域有6英里的车程，路上的车辙很深，而且确实泥泞不堪。这个保护区很大，很美，很野，有低矮的牧豆树和茂密的洋槐树。我们的车驶过了蓝牛羚和斑点鹿。对猴子来说，这儿似乎是个好地方，尽管我们至此连一只猴子都还没看到。古尔吉告诉尼菈，他很怀念和猴子们共事的日子。

"它们成了你的朋友。"她说。

古尔吉笑了："猴子不会是任何人的朋友。它们来抢吃的。就这样。"

我们把车停在一个高台边——那是为了喂猕猴而潦草搭建的设施。有六七只猴子蹲坐在高台边缘，正在吃玉米和卷心菜。

保护区的围墙设计得很糟糕，说白了就是无法阻止猴子逃出去。猴子们轻而易举就能爬上墙，让附近的居民很恼火。既然食物和空间都不缺，它们为什么还要去别处晃悠呢？事实上，这是移居异地后常常出现的问题。动物并非单纯地转移到一个真空地带，而是被投放到了另一批动物的领地里。

"它们会和新来的动物打架，"古尔吉说，"把新来的赶走。打不赢的就得走。"

我们开车带古尔吉到了苗圃。苗圃就是一个没有分隔的大单间，由一只叶猴看守着。现在是喂食的点儿，玉米和黄瓜。叶猴看都不看一眼黄瓜，只顾饕餮玉米，玉米粒都从它的嘴角两边喷出来了。古尔吉陪我们走到马路对面的一组简装平房：昔日的矿工宿舍，现已成了一个小村庄。有只魁梧的公猕猴飞快地爬上本该阻止它和同类的玻璃纤维墙。这只猴子的眉骨很低，阴森森的眼神让我想到了杰昆·菲尼克斯[1]。它看起来可不像打不赢的老弱病残。那它为什么要离开保护区呢？

"它们都进进出出的，"古尔吉说，"在我们村子里，哪怕你只

---

[1] 译者注：Joaquin Phoenix（1974—）出生于波多黎各的美国演员，曾出演《小丑》《性本恶》《你从未在此》《大师》等电影，荣获金球奖电影类音乐喜剧类最佳男主角奖、戛纳国际电影节主竞赛单元最佳男演员奖、金球奖电影类剧情类最佳男主角奖、美国演员工会奖电影类最佳男主角奖、第92届奥斯卡金像奖最佳男主角奖。

是吃块烤饼，都有猴子来跟你抢。"他耸耸肩，"它们是猴子。你能怎么办呢？"

电话打到第三通，伊希瓦·辛格博士接了。当我问到林业部对德里市的恒河猕猴有何举措时，他答道："腹腔镜绝育术！"他说得那么掷地有声，俨如在介绍一位特别的嘉宾。说完他就挂了电话，这真是我此生做过的最短的一次采访。我再打过去，我发了短信，我发了电邮，他都没有答复。我是精子，而他是打过避孕疫苗的卵子，所有接收通道都被封锁了。

我联系了在印度野生动物研究所的熟人。项目科学家萨纳斯·穆利亚给了我一个有趣的答案。他没听说在德里有猴子绝育手术的计划，但在喜马偕尔邦和北阿坎德邦的8所猴子绝育中心（MSC）里一直在断断续续地进行（给雄性的）腹腔镜输精管切除术和（给雌性的）输卵管结扎术。自从恒河猕猴在2006年"荣获"害兽（未官宣）的名号以来，共有15万只猕猴被捆绑、缝合再标记——我猜想是文身式的ID号码，或至少有个标记什么的。15万只猴子，听起来很多吧？林业部并不这么想。2013年3月，喜马偕尔邦林业部的首席保育员给MSC的工作人员发了一份备忘录。"猴子绝育的速度令人不满并已引起重视。"林业部指示MSC的工作人员加快进度，"争取每所MSC每天完成90～100只猴子的绝育工作"。

网上发布的喜马偕尔邦猴子绝育中心的照片显示他们可以同时进行两台手术。假设每天工作8小时，那么，这些外科医生每小时需要做6次手术和标记。每只猴子10分钟！

但阻碍进度的并不是兽医们的手速。备忘录还命令林业部官员将捕猴人的官阶连升三级，不再只是"医务人员"。但即便冠以"捕猴小组"这种矫饰过的头衔，还是没人愿意做这份工作。接着，官员们尝试招募公众，发放500卢比的捕猴赏金。随之而来的却是反对的声浪。正如一位社会活动家向BBC记者指出的："有些人会用残暴的方式捕捉猴子……会频繁地导致伤残。"

穆利亚说，公众甚至对输精管切除术也有意见。"他们认为这是不人道的做法。"而且，猴子会挠破创口，抓出缝线。"这是我们不得不选择PZP的原因。"他在给我的一封电邮中写道。

我回美国六个月后，《印度斯坦时报》宣布有了一种新方法。"为了有效控制猴子引发的种种危机，德里市政府林业部正把一切希望寄托于一种注射型避孕药。"但那不是PZP，也不是别的疫苗。这种药叫RISUG（需指导操作的可逆性精子抑制术），是一种注射到输精管的凝胶，可以阻断精子流动。这篇报道引用了"德里林业部首席野生动物监管员伊希瓦·辛格向德里高等法院提交的一份宣誓书……（解释了）在NGO组织3次否决了对猴子实施腹腔镜绝育手术后，RISUG成为目前有望成功的一种选项"。腹腔镜绝育术！现在不会再有那个感叹号了。

《印度斯坦时报》的文章提到，RISUG的优势在于注射。不会有切口和缝线，也就不会出现抓挠等恶果。但这个说法并不属实。萨纳斯把林业部的操作流程规范发给了我，最后一句就是"该部位须经缝合"。与输精管切除术相比，RISUG的真正优势在于可逆性。对印度的猕猴来说这当然算不上什么优势，但对人类男性（以及目前对生育孩子不感兴趣的妇女）来说却是一大优势。我们之所以知道RISUG对恒河猕猴有效，正是因为最近在猴子身上进行了人类男性使用版本的测试。

担任此项测试的是加州国家灵长类研究中心生殖内分泌学和不孕不育部门主任凯瑟琳·范德沃特。我和她做了一次电话访谈，她确认了切口是必要的。虽然我打电话是为了谈猕猴，但我对（人类）男性生育控制的未来也颇为好奇。他们准备在美国进行另一个版本的RISUG的临床试验。人们能信赖这种避孕术吗？

范德沃特认为这种方法看来很有希望。她说："要是你能阻断雄性猴子的生育力，你就无敌了。"男人一次射出数千万个精子已经很可观了，而猕猴每次射出的精子都有数亿个。"和人类的精子相比，猴子精子的移动就像是由喷气式飞机推动的。我们实验室里来过一些习惯于做人类精子评估的人，他们看到猴子的精液①时会说，我的天啊，你们怎么能数得清，它们移动得也太快了吧！"换句话说，如果这种方法对猕猴有效，对人类肯定也有效。

然而，假如终极目标是减少野生动物的总量，那任何形式的雄性避孕措施都不够用。一只未经避孕、但很勤劳的雄性动物可以制造出数量惊人的后代，足以弥补已绝育的同胞们带来的不足。要想用雄性绝育的方式对野生动物种群产生决定性的影响，你需

---

① 为了得到猴子的精液，范德沃夫的团队开发了一种低强度的阴茎电射器。为什么不直接用振动棒呢？"哦，我们试过了。我的上帝啊，真的试过。你可以制造出一次很好的勃起，但它们不会射精。"他们还试过带有人造阴道的底座装置。也没结果。"猴子没聪明到理解我们想从它身上得到什么，但它们又太聪明了，以至于无法和假体交媾。"她强调了那套设备不会伤害到猴子或带来灼烧感。恰恰相反。她告诉我，有一只红毛猩猩一听到她的声音就会跑过来。那种不适感令她难以释怀。"你在那儿专心调试设备，却有一只猩猩渴望地凝视你的眼睛。"

要对99%的雄性采取措施。而换作雌性的话，大约只需对70%的雌性采取措施就能达成终极目标。

部分原因在于性激素抑制剂GonaCon只能被注册用于雌性。其他原因可参见《对雄性白尾鹿使用GNRH疫苗GonaConTM的观察记录》。雄鹿的睾丸激素被抑制后，它们的阴囊会缩小，鹿角会变得奇形怪状，而且不能发育出"发情期成熟雄鹿该有的……富有肌肉感的雄性样貌"。照片中的雄鹿紧挨着，看上去就是小不点。鹿会有羞耻感吗？我向国家野生动物研究中心负责生育控制研究项目的副主任道格·埃克里提出了这个问题。"我不知道。"他回答得很理智。

我问穆利亚，喜马偕尔邦人猴冲突地区对70%的雌性猕猴进行绝育的工作进展如何？他回答说：不清楚，因为没有人跟踪统计数量。我试着去想象：假如不敲门，也不邮寄表格，你怎么可能进行人口普查呢？你怎么知道有没有重复计数？就像那些焦虑的圣弗朗西斯科人，他们相信自己亲眼看到①该市的普雷西迪奥林地有数百只郊狼，而事实上只是一对活动范围颇广的郊狼及其幼崽。该如何计数呢？

---

① 也可能根据他们的亲耳所闻。R. 凯勒·布鲁斯特及其同事在2017年做了一项研究，要求受试者聆听1~4只郊狼嚎叫和"呜呜嘤嘤"的小狼叫声，再猜测有几只动物发出了这些声音。无论背景是城市、农村还是郊区，受试者对郊狼数量的估计都偏高，可达真实数量的2倍。这可能会导致"人们误认为狼的数量比实际的多"，并向地方政府频发呜咽般的焦虑呼声。

第6章　善变的美洲狮

看不见的东西，怎能数得清？

57年来，美国加利福尼亚山狮都有明码悬赏价。农场主怨声载道，因为山狮会咬死牲口，猎人们也一样难逃厄运，因为山狮会捕鹿吃。州政府听到了诸多民怨。从1906年到1963年，只要你把一张兽皮或狮头皮或一对狮耳上交县法院，或运送到渔业和狩猎委员会，就能领到政府给的赏金。这些款项都用圆珠笔记录在一摞皮面横格笔记本上，现已归档于萨克拉门托（Sacramento）的州档案馆。在每本笔记本的内封都有人用铅笔写下了当年的赏金总数，还有一张折叠起来的地图，上面标明了各县支付的金额。加州非常擅长统计山狮的死亡数量。

然而，统计活着的山狮更难办。你不能像对付成群的角马或在海滩拖曳而行的海象那样，从它们头顶飞过并拍照取证。你可以找志愿者深入森林摸索，就像用驱赶计数法统计有多少头鹿，或用样线法统计树懒，或用圣诞节鸟类调查法观测计数那样，但大概率根本看不到山狮。美洲狮都是行踪叵测的独行侠。确定它们存在，主要靠它们留下的"标志"——足迹、粪便，以及它们在大地上留下的其他独特痕迹。加州史上业绩最高的猎狮人是杰伊·布鲁斯，在领取公家酬金的那些年里，他总共处决了500多头山狮，但在那整个期间里，他只看到过一次自由行动、在没有被他的猎犬追捕的情况下的山狮。直到20世纪70年代，赏金日志和州县屠狮地图就几乎相当于全加州美洲狮数量的统计表。某县的狮子死得少，就说明那个县里的狮子本来就少，就是这么回事。

讽刺的是，现如今，如果一个野生动物机构想知道有多少美洲狮生活在其管辖范围内，可能恰恰要借助曾用来屠杀它们的那套专业手法。这就是为什么唯一禁止猎杀山狮的州——加州——仍然保留了猎人的有薪公职：他们的职责是统计数量，而不再是杀戮。领公粮的猎人用的还是过去的那套技能："切分踪迹"（即寻找踪迹），一旦发现新线索，就让猎狗循着气味追踪到那只山狮。和过去不同的是，现在的猎犬不会直接冲上前，而狮子会被赶到树下。因为加州不仅要估算该地区的山狮数量，还要评估它们的血统和健康状况，监测它们的栖息地使用情况，因此会在每个区域给几头狮子戴上GPS定位颈环，再提取DNA样本。

州立山狮计划是由加州鱼类和野生动物部（CDFW）负责的。更确切地说，是由贾斯汀·德林格负责的。假如你问一个迷恋动物的10岁小孩：你长大后想做什么呀？理想答案听起来大概就是德林格的职位：山狮和灰狼研究员。这是他名片上的头衔。德林格拥有野生动物生物学博士学位，但他拥有这份工作不仅仅因为他有学术资格，还因为他从小到大的家庭教养，他的森林生活经验。他是在南卡罗来纳州长大的，在森林和祖父母家的马厩里度过了少年时光。德林格的家乡很小，以至于每次他对某个女孩有意思，都必须先去"问老爸老妈"他和她有没有亲戚关系。他是他们家里第一个上大学的人，父母以他为荣，但也因此有点忧伤。他向他们解释自己要远离家乡，"从遗传的角度看，必须开枝散叶"。

我第一次见到德林格是在CDFW的野生动物调查实验室，他在那个屋子里有一张办公桌，但只会偶尔地、而且不太高兴地坐在那儿。我没能在第一时间找到他，所以就坐在等候区里与动物标本为伴 —— 在所有涉及鱼类、野生动物、捕猎等关键字的政府单位里都能看到它们。前台上方就有一只山狮蹲踞假石，作呲牙咆哮状。还有一只鹰意欲在狩猎资料架旁降落，爪子伸得很长、很开，像是要抓取一本小册子。后来，终于有人把我领到了德林格的办公室，那间屋子又挤又窄，油毡地毯上还摆了一串鹿角，因而显得越发逼仄。他是在山狮捕猎地——也就是狮子吞食猎物的地方——找到了这些鹿角和其他"野生动物的小玩意儿"。德林格是战利品清道夫，但不是为了战利品而猎杀的猎人。他说，为了鹿角而处决雄鹿"未必是我所能理解的事情"。他打猎是为了野外追踪，继而"填充冰柜"。我是那种允许屠宰场工人处决我要吃的鸟类和动物的人，所以我尊重他说的这一点。

说话这会儿，德林格正在吃肉：比萨上的意大利辣香肠，比萨是从加州阿尔图拉斯唯一一家下午4点半营业的餐厅买来的。大概只有凌晨3点半吃早餐、午餐是燕麦片配橘子，才会下午4点半吃晚餐吧。他的衣服和脸上都有今天早上蹭到的灰，当时他跟着一头山狮穿过一片烧焦的松树林。这倒不是说他连洗漱和换衣服的时间都没有。我想，他只是压根儿没想到要换洗。

虽然德林格在帐篷里过得很惬意——很可能他住帐篷的日子是最开心的——但他绝非隐士那类人。他不拒绝文明，他只是不觉得文明有多了不起。他家离旧金山不到两小时车程，但他从没去过。

等待点单的时候，我请德林格解释一下，他是怎样做好统计工作的。我已经做好了充分的心理建设，准备听一套数学算法。经典的动物种群数量估算法，亦即捕获—标记—再捕获，完全基于比例推算，得到的数字会有一定程度的偏差。假设有个生物学家想知道一片森林里有多少只土拨鼠，她会先设陷阱，在捕到的所有土拨鼠的腿上都绑上标记带（M）。假设她抓到了50只。然后，她把它们都放回森林。一周后，她再次设下陷阱，记下这次捕了几只（C）。假设第二次捕了41只，她还会记下41只土拨鼠里有几只腿上有标记带——这几只就是重新捕获的（R）。比方说有27只，记完后，她会把它们都放了，然后拿出计算器，使用公式①：$M \times C \div R$，就此推算出总共有多少只土拨鼠生活在这片森林里，从而完成她的工作。在这个案例里，答案是76只。（这种算法的升级版本可用于移动触发的相机陷阱捕捉和重新捕捉到的动物影像。）

考虑到州立山狮项目是个更讲求质量的调查，德林格用的统计方法非常独特。他称之为"颈环加追随法"，追随（foller）就是追踪（follow）的意思，算是南卡罗来纳州的方言。在大口咀嚼的间隙，他向我解释了如何操作这种统计法。

"这么说吧，我们发现了一只山狮，雄性，就在这儿。"他把手指头点在假想的地图上。这只雄性山狮会被戴上一只追踪颈环。"好，现在假设我们又发现了另一只大猫的足迹。我们要调出遥测，先检查第一头雄狮的情况。确定它不在附近，所以，这次的肯定是另一头雄狮。第二天，假设我们发现了一头母狮的足迹。那么，我们现在至少能确定有3头了。"依此类推。

"说实话，假如你们有几个优秀的追踪者，再用点基本的推理，就根本不必给它们戴颈环吧。比方说，你们在这条山脊线上切出了一条雄狮的足迹。"确切地说是油醋瓶和桌子边缘之间的山脊线。"大概翻过五条山脊线"——我的椅背——"我的猎人又

---

① 计算一只土拨鼠能啃掉多少木头的公式是 0×[土拨鼠（wookchuck）这个名字是阿尔贡克方言 wuchak 的英语变形]。

发现了另一只大猫的踪迹，两条踪迹线甚至不往同一个方向走，而且都是昨晚留下的。那应该就有把握说，这是两头不同的雄性山狮。"

对于擅长"切分踪迹"的人来说，没有踪迹也是一种标志。抵达某区域后，德林格可以非常迅速地判定那里有没有山狮。如果没有，他就向别处移动。但即便如此，他也需要8年才能走遍整个州。我问他为什么不雇用更多人手帮忙。女服务员过来了，清走了沙拉盘。

"再说一遍好吗？我刚刚分心了。"分散我注意力的是女服务员忙碌的手和剩下的比萨。"我不想漏掉什么。"

州政府不雇用更多追踪者的一个原因是压根不存在这样的人选。除了目前在岗的猎手们，德林格只知道两个可以共事，并且身在加州的人。这两人都已80多岁了。至于野生动物生物学家嘛，"100个人里面大概只有两个人能干这活儿吧"。

对于"这活儿"，我也有很多问题要问。你怎么能从狮子的足迹中看出它的性别？你怎么知道从哪儿开始找狮子？你怎么能确定足迹是前一个晚上留下的，而非前一天或前一周？

解释这些事情远不如亲身体验更明白，所以，我也会在凌晨3点半吃早餐了。

我一直觉得追踪野生动物是一件蹑手蹑脚、神出鬼没的事。照我的想象，追踪者应是专注地走在深山老林里，低着头。他会停下脚步，检查一根折断的树枝，或跪在一个水坑边。可能穿着莫卡辛软皮鞋。

但到目前为止，我们发出的动静显然很响，身边也没有太多绿树。德林格站在全地形车的车把边寻找地上的踪迹，车在伐木土路上慢慢前行。开车搜索比步行更快，而且，动物的足迹在车辆碾压过的泥地中会很显眼。（冬雪更像画布，为足迹提供了另一种洁净的背景。）我们已进入森林的深处，但松树已被烧焦，四下光秃秃的。去年，莫多克国家森林里有两万英亩林地被烧毁，本周，德林格就要在这里寻找山狮。

我看到的是熏黑的树干，俨如荒无人烟的月球表面，而德林格看到的是林火后冒出的鲜绿色，嫩芽在毫无遮拦的阳光下茁壮生长。鲜嫩的新芽是鹿最喜欢吃的东西，而鹿是山狮最喜欢吃的东西。德林格是"鹿专家"。鹿专家们的名片上都这么写。

为了找到山狮，用德林格的话来说，你要直奔对它们有吸引力的地方。山狮喜欢在有食物、有水的地方——不仅对它们而言如此，对其猎物来说也一样；还喜欢在其领地内有一条不费力的捷径。为了捕猎、查看雌性的情况，雄性美洲狮会在一晚上走十几英里。山丘间的山鞍或山道或最顶部的山脊都能为它们提供一条更容易走、更快速的捷径横穿它的地界。一开始，德林格说美洲狮很懒，接着又自我纠正了一下。它们很讲效率，尤其是母狮，"她"的热量很宝贵，经不起浪费。母狮几乎总是在怀孕，或是在哺育幼崽。雄性幼崽在成年后独自离开时，身形可能和母狮一样大，甚至更大。"根据幼崽的体形大小，她可能每天都必须捕杀猎物，"德林格说，"这得付出代价。"每当进入新的县境，他都会拿出一张地形图，寻找山鞍、山脊线和山坳（有河床的小山谷）。

还有国家森林伐木公路。"像这样的路，"他扭头对我说，"路很直，能让它们很快地从A点到B点——所以它们肯定喜欢。

而且，这条路离山下的水源很近，对它们来说是很好的捕猎地点。"为什么在国家森林里会有一条伐木公路？因为国家森林的前身——从某种程度上说至今仍是——为全国提供树木并有所管制的大林场。根据1897年的《有机管理法》所称，划分出来的一部分林区"为美国公民使用木材及生活所需持续提供木材"。（还为美国公民豢养的牛群提供免费的放牧空间。今天早上，到目前为止，我在森林里看到的唯一动物就是牛。）

右手边，太阳跃上了山脊。再见了，月光和蓝色的天空。鸟鸣喧闹起来，从地平线斜射而来的朝阳照亮了加州的旷野。德林格错过了观赏日出的时机，他正全神贯注地盯着泥地看。今天，他停下的次数比平常多，因为要给后座的城市居民指明一些有趣的痕迹。他刚刚挂了空挡，把一组獾的足迹指给我看。在黄鼠狼家族中，獾算是不太像黄鼠狼的一员，它们独辟蹊径，专门打劫地鼠挖的洞，吃掉里面的原住鼠。獾进化出了又长又坚实、极擅掘地的爪子，因而，它们留下的细长痕迹颇有电影"剪刀手爱德华"的花式风格。你花一上午的时间来"切分踪迹"，就必会惊叹动物王国中竟有那么多超现实风格的足迹和舞步。之前，我们还看到了一只北美黑尾鹿的脚印。动词stot的意思是弹跳起来，然后四脚同时着地。（至于鹿和羚羊为什么要这样弹跳，学界一直有各种说法，还有好几个专用名词用来形容这种行为，其中，我最喜欢的一个词是pronking。）

德林格又停了下来，这次是要看一只地鼠的爪子留下的细齿状的痕迹。它迈着小碎步，在这片区域到处跑，大概听到了风声，知道蒂姆·伯顿①带着那位家喻户晓的大明星来修指甲了。地鼠进行了某种类似弹跳的跳跃表演，也就是把四只脚并在一块儿跳起再着地，留下的足迹看起来很像一只大爪子踩出来的。德林格说，他以前见过有人以为自己在追踪一头山狮，结果追到了一只地鼠。他的老板会定期派些"帮手"给他；但他会把大多数人悄悄地派去自己明知没有美洲狮的地区寻找踪迹，以免他们的车迹或足迹毁掉他们没能看出来的踪迹。我第一次给德林格发电邮要求跟他寻找山狮时，他在回信里问，"你的追踪技术如何？"邮件附有两张泥地里的山狮足迹的照片，他希望我能辨认出来。旁边还摆着一把莱瑟曼多功能折叠刀，以便比较尺寸。一眼看到这照片时，我根本没看出来什么足迹，所以倍感疑惑。这看起来明明像是给莱瑟曼折叠刀拍的照片嘛。

根据今天学到的知识，现在的我可以识别鹿和獾的足迹了。牛也肯定没问题。我还能把土狼、狐狸和山猫、美洲狮区分开来。因为犬科动物的脚印更细长，还可能连带着爪痕，因为犬类的爪子与猫爪不同，缩不回去。美洲狮或山猫的足迹特征是在肉垫中心的后部有一对明显的V形凹痕（用擅长追踪的猎人的术语来说叫"桩子印"）。后足留下的桩子印肉眼可见，哪怕足迹不完整也很容易看出来，比如在碎石路段上的足迹经常是不完整的。我们看到桩子印就刹车。

德林格放慢车速，停了下来。他让我留在全地形车上，这说明他发现了山狮的足迹，担心我跳下车后一脚踩灭痕迹。只见他单

---

① 编者注：美国著名导演，也是电影《剪刀手爱德华》的导演。

膝跪地，脸凑近路面。防护服外衣口袋里的一个橘子像肿瘤一样鼓了起来。

确实是一头山狮。德林格在脚印边放上一把小尺子，根据足迹判断美洲狮的性别只需简单地测量。如果宽度超过48毫米，就是雄狮，小于48毫米则为母狮。那又如何区分足迹是母狮的还是幼狮的呢？只需观察周围还有谁。如果是幼狮，母狮的足迹就应该出现在附近。我们找到的这只是雄性。

德林格把他的拳头侧按在足迹边的泥土上，进行比较。"你看这个"——非常新鲜的拳印——"是不是又湿润又清晰？"潮湿的泥土更有凝聚力。简而言之，这就是做沙堡的沙和沙漏里的沙的区别所在。在夏季的暑气里，上午10点或11点之前，前一晚的露水已基本挥发殆尽，前一晚的足迹就不再会有清晰的边缘。这也是我们要在凌晨3点半起床的另一个原因：朝阳的倾斜角度很大，在大地上勾勒出山脊的轮廓，山狮足迹所在的山脊这侧则处在阴影里。如果我们中午到达这里，就算是德林格也会错失这道踪迹。

德林格认为这个足迹属于他一周前在这儿附近捕到并戴上颈环的那头公狮。今天的目标是找到昨天从德林格手里逃脱的那头母狮，争取给它也戴上颈环，所以我们又爬上全地形车，继续盯着泥地沿路查看。

德林格指着我们前面的路。"走上这个弯道时，你仔细看看它的足迹会发生什么变化。看到它是怎样省步子的吗？它在拐弯。"如果你能读懂足迹，就能从足迹的排布中判断出动物的意图。如果山狮在追猎物，足迹就会凌乱、模糊，有些足印还会交叠。如果山狮只是在赶路，有一个固定的目的地，那么它的足迹就会很干净，而且间隔很宽。这头狮子的步距较短。德林格说："它只是在慢慢前行，在找吃的。"

我得坦白，尽管我掌握了精准的统计数据，明知美洲狮袭击人类属于极其罕见的小概率事件，但这些足迹还是让我紧张了——不是当下，不是坐在全地形车后排的时候，而是半小时后，当我离开公路，走进林子里撒尿时开始紧张的。德林格从来没有过这种担心。如他所言，"我们不在它们的菜单上。"同样，他也不相信遇到美洲狮的次数有所增加。"加州人都会说，'现在狮子无处不在！'"事实上，增加的是家用安保摄像头。门铃摄像头堪称野生动物生物学中的"X射线照片"。德林格为了过一道车辙而减速。"所有所谓的变化，都是技术的变化。"有人发布了一张门铃摄像头拍到的美洲狮照片。别人随手转，流量翻倍，就成了热帖。新闻媒体团队随之而来，整个社区都在谈论狮子，一起目击事件就膨胀为5起。

德林格换挡，直行。"它们一直都在。只是我们从没亲眼见到过。"他说他敢用自己的薪水来打赌——每一年中的每一天，至少有十几个加州人在山狮的捕击范围内却从未见过它们。

快到上午10点了。虽有微风徐徐，但已经暖和起来，我可以拉开外套的拉链了。即使我们发现了新足迹，气味也会在热气和风中消散，就算有猎犬也无法追踪下去。（另一位猎手在另一条伐木路上；他和德林格通过手机保持联系。）阳光让空气变热，气味分子也随之变得更活跃，相互反弹，扩散开去，味道稀释，弥漫成一团。风再把味道吹散，哪怕是在理想的嗅觉环境里，猎犬也会在某个地点——很多位置——失去气味的踪迹。这就是所谓的

"失踪"。为了重新定位气味，优秀的猎犬会走之字形，左右开弓，直到再次捕捉到气味。我在我办公室附近的一条街上试过这个方法，当时，有个年轻人身上有股Axe①身体喷雾的味道。我先等他转过街角，从我的视野中消失，然后等了几分钟。借用猎犬的之字形跟踪法，我真的追踪到了他的目的地——下一个街区的芝士蛋糕店。

德林格准备收工了。明天又是新的一天，其实也不算。他忘了提及他要开车去雷丁参加"狼族大会"。浮现在我脑海中的是身穿休闲商务套装的大型犬科哺乳动物。德林格感觉到了我很失望，就主动提出演示他如何用爬树工具去接触一只跳上树的山狮，再让它下来。在没有狮子参与的情况下，这种演示乏善可陈。他还提议开车带我去他昨天发现的一个"公共刨粪区"。在公狮的地盘重叠之界，或在它们利用同一通道穿过山丘的地界，狮子们都会留下自己的名片。就像我家附近的那些狗会在我家院子里的同一丛灌木上淋尿那样，美洲狮也会用它们的后爪把半腐层上别人的"便便"刨远点，好让自己的气味积存在林地上的松针和其他碎屑上。德林格会在大树下寻找后爪的刨痕。树越大，带有粪便的半腐层就越深厚。

我们去了，果然看到了一些刨痕。虽然肉眼看上去并不很显眼，但对那些看得出门道的人来说，这些痕迹就很有趣了。山狮刨粪的时候，通常都面对它们行进的方向，所以，如果你在寻找山狮，这就非常有帮助。而且，就像查看足迹那样，你能很轻松地分

---

① 编者注：男士日用洗护品牌。

辨出刨痕有多新鲜——在这里,只需观察有多少松针是新近落下的。德林格正在解释怎样"看刨痕辨雌雄"。母狮用两条后腿往后踢,在半腐层里留下两个深深的凹痕,而公狮只用一只后脚刨,所以是倾侧的,"这是生理结构决定的"。这话的真正意思是"因为它有睾丸"。最近,德林格因为在接受媒体采访时措辞欠妥而遭到责备。比如——别的暂且不提——他在形容怎样把一只昏昏沉沉的美洲狮从树上挪下来时做了这样的类比:"好比你试着把喝醉的朋友塞进出租车,可他非把双手撑在车门两边,死活不肯。"

能够以这种方式读懂大自然的人都让我羡慕嫉妒恨。我在树林里走动的样子俨如检阅自己的书的中文版,虽然看到了形状和图案,却完全不明白它们到底是什么意思。早些时候,德林格让我去看一道泥地里的痕迹,从路的一边到另一边,很像小孩子拖着一根棍子走路留下的印迹。实际上,那确实是一道"拖痕",但从这边走过去的并不是孩子。这道印迹是死去的小鹿悬空的蹄子拖出来的,叼着它的山狮正打算去更隐蔽的地方吃掉它。不用说,我肯定没注意到这道拖痕两边都有山狮的足迹。

第一次见到德林格时我就告诉他,现代野生动物生物学的根基在于自然历史,在我看来,这两者的完美结合正是加州山狮计划的有趣之处。早期的博物学家每次都要花几星期进行实地追踪和观察,破译动物们的行为方式,发现新物种。你可以从他们发表在期刊的论文标题中感到他们发自肺腑的兴奋感:《两只野兔的鏖战野史》《新发现:桑给巴尔的小羚羊》。我相信《亚洲箱龟(地龟科,闭壳龟属)的保护系统论:线粒体基因渗入、假基因和多重核基因位点推论》的作者们也有同等的激情,但他们没有独自经历过那种漫长又辉煌的野外时光。

德林格了解学术界的新动态，但在内心深处，他是个快乐的返祖派。之前，他站在一头鹿的骨架边查看时，曾谈到他注意到本州不太干旱地区的山狮会把鹿的瘤胃拉出来，拖走鹿尸再吃。但是，比较干旱的地区的狮子好像都不会这样做。有蹄类动物的瘤胃中充满了细菌，足以分解动物吃下去的植物。德林格推断，肉类在潮湿气候中会加快变质，这样做或许能延缓尸体腐烂，从而提升存活的概率。

自然学家是最早的生物学家，而猎人、设置陷阱的捕猎人也是最早的自然学家。他们的营生取决于他们对动物的了解有多深——它们为什么、在什么季节的什么时间点在这片土地的什么区域活动，它们和猎物、和对手、和配偶的关系如何——因而，没有人比他们更了解某个物种。第一批自然历史博物馆看起来很像卡贝拉商店里的立体模型布景。自然历史学趋向正规化、科学化，并成为有利可图的商业操作后，倾轧和愤恨也随之加深。1941年，前面提到的猎人杰伊·布鲁斯致函渔猎部上司，要求渔猎部不要把布鲁斯的新报告《美洲狮与邻人的关系》公布于众。"自然学家已窃取了太多由我达成的新发现，却从未归功于我，"信中写道，"那都是他们本该掌握、却从未了解过的事情，可是，他们一直在暗示那都是他们自己获得的一手资料。"

自始至终，野生动物生物学都是一种窥探的学问。早在科学家用野生动物摄像机监视动物、用无线电颈环跟踪它们之前就已经习惯窥视、刺探动物的排泄物了。就好比人类会搞间谍行动①，在动物界这样做也是因为你没法直接问。你没法问动物：你吃了啥？你健康吗？你有啥压力？但你通常可以从它的粪便中得到答案。

"粪便分析"在20世纪30年代得到了长足发展。在那十年中，有学问的人深入林地生物的厕所，持续发展了这门学问：汉密尔顿研究夜棕蝠的摄食习惯，穆里研究郊狼，迪尔伯恩研究狐狸、貂和郊狼，汉密尔顿还会研究臭鼬，厄林顿研究獾和黄鼠狼。在此之前，如果你想知道某个物种吃什么，只能亲手剖开几百只胃。你可以想象，为了得出有效的结论，要收集足够多的器官，对大多数生物学家来说——当然，对所有动物来说也一样——那是多么糟

---

① 已故的赛尔·史蒂文斯曾任美国中央情报局科学技术部部长，他曾在苏联总理尼基塔·赫鲁晓夫访美期间，派人在布莱尔宫（拜访总统的贵宾的下榻地）的马桶下水管道里设置陷阱。截获的粪便被送到中情局医学情报组，让医学专家们分析它们可能揭露什么信息。同样，埃及国王法鲁克和印度尼西亚总统苏加诺的样本（该样本所用的尿液来自飞机上的厕所）也曾被送去检测过。鉴于这种战术比临床 DNA 分析的年代更早远，我们不禁要问：医学学士到底能提供多少情报？棕色能为你带来哪些信息？我向执业医师乔纳森·D. 克莱门特提出了这个问题，他还是《情报与反间谍国际杂志》的撰稿人，目前正在撰写一部学术历史专著，主题是支援秘密行动的医学实践。他给出的答案是：不会太多。"他们能找到的无非是大便中的血液，或许还有寄生虫。至于他们能不能获得任何有用的信息，我持怀疑态度。"克莱门特说，中情局的一些医生会以假名在高端医疗中心工作，外国元首时而会去那种地方接受治疗，所以，去那儿搜集情报可能收获更多。假如你能直接接触到本人及其医疗记录时，为什么还要去搅和一坨屎呢？据克莱门特所知，只有一个成功案例——重大情报来自敌人的厕所。他给我讲了美国军事联络团的那件事：联络团一直在监视俄罗斯士兵的营地。刚好有一天，厕纸用完了，士兵们就开始用从密码本上扯下的纸。联络团的人翻检了那些士兵扔掉的垃圾，并将那些染上棕色的纸页上交国家安全局，大功告成。

心的状况。阿尔伯特·肯瑞什·费舍尔在1900年发表的《255只尖叫的猫头鹰的胃容物摘要》使我读得又乏累又哀伤，又多少有点喜庆的感觉，因为作者用了"数一数圣诞长假吃了多少大餐"的清单式写法："91只胃里有老鼠……100只胃里有昆虫……9只胃里有蝲蛄……2只胃里有蝎子……"相比而言，粪便能提供更亲善、更精简的结论，不失为另一种好选择。

而且依然如此。德林格的硕士论文是关于灰狼饮食习惯的。"我花了很多时间，"他回忆道，"到处走，找便便。"（"便便"！可见又是加州鱼类和野生动物部在发言了。）旧习难改。当我们走到一个山狮捕鹿的地点时，他弯腰捡起什么东西，一边说道："这是山猫的粪便。"他把它给我看，接着又迅速地重新做出什么判断，把它扔掉了。

最终，有人脑洞大开，萌生了用计算成堆的粪便来推算物种数量的想法：让粪便做排便者的代言人。渐渐地，这套方法被广泛地称作"粪球普查大法"；于是，更多拥有生物学知识的人类在荒野中走动起来，盯着地面看。只要你的普查员能区分粪便是新鲜的还是陈旧的，而且，你知道相关物种每天平均排便几次，就有可能计算出一个固定区域里的粪便总数代表多少只动物。有可能，但不容易，而且大概也不太精准。

首先，你的普查员必须了解动物粪便。比方说，靠气味就能很靠谱地区分出浣熊的粪便与负鼠的粪便，因为负鼠的有一股恶臭。有蹄类动物在这件事上不太友好，因为它们经常成群结队，边走边拉。这就让人很为难：你怎么知道自己看到的是两头动物拉出来的，还是源自——引用粪便学家欧内斯特·汤普森·西顿的原话——某一头"移动排泄者"？

你也无法一目了然地区分粪便是新鲜的还是陈旧的，搜捕老鼠的人最清楚这一点了。这些人"在老鼠的习性方面受过专门训练"[1]，其工作包括但不限于——在英格兰的码头上登船，数出新鲜的粪球颗粒，推算出船上的鼠民数量。这活儿听起来容易，干起来可难了。在高温的机房里，新鲜的粪便也可能被误以为是干缩的，而在潮湿的甲板上，陈旧的粪便会被误以为是新鲜的，因为看上去湿润又饱满。霉菌只能作为一种参考指标，很不可靠，利物浦的助理港口医务官在1930年的一项研究中证明了这一点。在某些食物中——比如葵花籽和麦麸——粪便会在24小时内发霉，"而在其他食物中，在完全类似的条件下，排泄物在几天内都不会呈现出发霉的迹象"。而且，根据货舱里有什么东西可以吃，还要区分是老鼠的粪便还是别的动物的粪便，这也很难。吃大米的大老鼠排出的黑色粪便小而硬，很容易被误认为是小家鼠的。尽管存在这么多复杂的变数，但在熏蒸围捕后进行再次核查，捕鼠人的估算值往往准确得惊人，足以引发"捕鼠人之间的良性竞争"。

判定某个物种的每日排泄频次本身也是一大挑战。有些研究人员尝试推广"粪便袋"，让一些有代表性的动物穿戴起来(用一根背带将"粪便袋"固定住，有点像反向的饲袋)。结果不尽如人意，但谁也没料到这法子是那样跑偏的——有个研究员为在灌木

---

[1] 而且，穿着打扮也很适合这份工作，让人眼前一亮。网上有张1930年的老照片，拍的是一位西印度捕鼠人：身穿8粒铜扣的双排扣外套，帽子酷似那些商业航空公司的飞行员戴的。他的手里提着一只挺括的金属盒，里面可能装着一只大老鼠，或是一块三明治，我无法做出判断。

丛中吃草的山羊设计了背带，结果发现限制性太强了：山羊吃草时喜欢用两条后腿撑地，这种姿势可以让它们吃到更高处的树叶，但戴上这种设备，它们就做不出这个姿势了。后来，又有一位山羊饮食研究者公布了一款改良版背带，由19条皮带构成，但山羊可以用后腿站起来了。还遭遇过一次小小的挫折：有几只没戴这套设备的山羊把伙伴们身上的皮绳咬断了，吃光了，做好了山羊的本分。搞科学，历来都不容易啊！

还有一种方法是花时间监视野外动物。同样，这也不像你想象的那样简单。大卫·韦尔奇在1982年的一项研究报告中指出，"根据粪便量估算居住者总数的方法"会随具体时间和季节得出不同的结果。威尔士的兔子在食物充足的4月里平均每天排出446粒粪便，但在1月，每天只能排出376粒。根据动物吃什么，这个比率也会发生浮动。这个结论并不是我从粪便袋里直接掏出来的。利物浦的研究详细说明了摄取不同食物的大老鼠的排便量会有"巨量"差异。吃大米的大老鼠每天平均排出21粒粪便；而吃麦麸的大老鼠每天平均排出128粒粪便（"非常大颗，浅黄色，圆柱形"）。

就在这时，我的笔记本电脑屏幕上弹出了期刊数据库（JSTOR）的窗口。"想联系顶级粪便专家吗？"我确实有点想。他们会是怎样的人？会有多少人？我现在能算其中之一吗？

粪便科学的未来是光明的。相比于"捕获—标记—再捕获"，从粪便中分析基因有望成为更快捷、成本更低的进阶方法。与其去统计被再次捕获的标记动物，真不如去数一数收集到的粪便中的基因指纹反复出现了几次。很快，经过训练，可以嗅出山狮粪便的猎犬就会被带到德林格一直在巡查的这些地区。驯犬员会把猎犬找到的粪便装袋，带回CDFW野生动物调查实验室进行基因分析。粪便也能提供不同地区美洲狮的健康状况和遗传多样性的信息。

如果基因分析所得出的种群数据与德林格根据追踪和颈环数据得到的结果近似，那就将意味着未来的工作可以仰仗粪便探测犬和基因测序。如果一切如愿，贾斯汀·德林格将被一堆狮屎取代。

我想，他肯定会怀念在这里度过的岁月，哪怕他嘴硬不承认。他说那能帮他腾出更多时间去钻研让山狮远离人类的驱逐技术和别的方法。因为只要人狮相遇，至少在加州，就必定会引发争端。正如德林格所说："对有些人来说，10只狮子都算太多了。而对另一些人来说，10 000只都嫌不够。"有趣的是，在加州申请山狮捕杀许可证的人里面，大部分都不是商业牧场主。70%~90%的许可证都是发放给后院农场主的——拥有2~10只牲畜的小农户。（加州的大型商业牧场其实很少。）但对我所在的州的许多人来说，处决美洲狮是一种冒犯之举，也许我们是旁观者吧。为你家的动物造一道安全的夜间围栏！让你的宠物到了夜里乖乖待在家里！一只小猎犬或山羊的命怎么会比一只野生山狮的更有价值？洛杉矶高速公路系统导致一小群美洲狮身处孤岛，媒体连篇累牍的报道加深了一种普遍认知——公众以为整个加州的山狮种族都深陷危机。事实上，加州的美洲狮既非濒危物种，也没有受到威胁。但这些大型动物非常美丽，恰恰是动物爱好者们最想努力保护的动物类型。极富魅力的大型动物总会导致勾心斗角。

大型植物也一样，甚而更甚。树越大，腐殖层就越深。还有更深的潜台词呢。

第 7 章　大树倒下时
小心那棵"危险的树"

花旗松的一切行动都非常缓慢，包括死亡。纵观其900多年的寿命，最不迷人的特点就是花一两个世纪去死。分解又要拖上一个世纪左右。英语里的"死（dead）"有比较级"deader"，中文里似乎没有现成的词汇（死得"更彻底"一点？），无论如何，你常常可以用"死的比较级"去形容一棵树的状态，而且相当精准——就这一点而言，树木堪称罕见的有机体。一棵最近刚死的针叶树，你可以说它"死硬死硬的"，然后逐渐变成"海绵式的死样"，再然后变成"软了吧唧的死透了"，枝干和树冠开始腐烂、掉落，直到最后一根挺立的树干倒下来，这棵树才算进入死亡的最后一程："倒地而亡"。如此漫长的最后一程中，立于街道、小路或建筑物边的某棵树还可能在某个时间段里得到另一个名号："危树"。因为如果它倒下来，砸到的任何人都会在很短的时间内死去。

树木过失杀人事件的受害者可能非常年轻，和肇事者形成鲜明对比。《澳大利亚户外教育杂志》（*The Australian Journal of Outdoor Education*）发表了一份摘要，汇总了1960年以来学校露营期间被掉落的树枝、坠倒的树木砸死的儿童（其中两例中还有他们的老师）人数：有6人是在帐篷里睡觉时被砸死的，还有一人在桉树林附近游泳时被砸死，另有6人在徒步旅行时被砸死——其中包括两名青少年被断裂后滚下山坡、掉落在山路上的山白蜡的树冠砸死。

风是常见的帮凶。据《自然灾害杂志》（*Natural Hazards*）报道，在美国，1995年至2007年期间，被强风吹倒的树木造成将近400人死亡。我和丈夫埃德也经历过这种险境，距厄运仅20英尺：那天清晨刮大风，橡树上的一根大枝丫折断后砸落在我们的帐篷附近，我们是被那声巨响惊醒的。

有些树在寻常日子里也会把人干掉。考尔泰松[1]会掉下保龄球那么重的球果。根据《椰子树伤人事件史上最全一览》一文中所述，1994—1999年期间，有16个所罗门群岛的居民被掉落的椰子砸中。近年来，巴厘岛的报纸共报道了3起死亡事件：死尸都是在榴莲树下被发现的。榴莲树的果实委实是一种出色的谋杀凶器：又大又重，外皮上布满了硬刺。凶犯"嫌疑人"，也就是那棵树，根本无法藏匿凶器；带血的榴莲就在受害者的脑袋边。政府很难去提醒人们对果实保持警惕，甚或忧虑。就算看到"松果频落，后果自负"的警示牌，大多数人仍会往前走。

"危树"这个词本身就有点滑稽，和"连指手套有隐患"一样好笑。温哥华岛的麦克米伦省立公园富有"古老"的针叶林，但这家公园的工作人员觉得这种事毫无幽默可言，因为最古老的树也是最高的、最雄伟的。那是人们肯自掏腰包去观赏的景点，或在林中远足，或在林间自驾，民众非常不希望把这种林木砍掉。这不仅带来了难题，偶尔，还会酿生悲剧。

麦克米伦公园里的教堂森林里有数百年历史的巨大针叶林，2003年，一对阿尔伯塔省的夫妇在穿越这片雨林的途中遇到了猛烈的暴风雪，就把车停在路边，等风雪过去。结果，林中一棵古老的冷杉承受不了积雪的重量，又因为本身已在腐烂，树身衰弱无力，倒下时刚好砸中他们的车，导致两人死亡。

从那时起，麦克米伦公园就和一位经过认证的危树评估员保

---

① 编者注：也叫大果松，Coulter pine。

持常来常往的关系了。除了每年两次固定巡游外，迪恩·麦克吉奥还会在每次大风暴过去后进林查看，寻找危险的腐烂迹象，如此持续了15年。今天正值半年一次的例行检查。这一整天里，迪恩要标出他判定为需要补救的树木：松垮下来的大树枝或树冠，或更惨烈的迹象。数据显示，有这些树木的区域正是树木过失杀人事件的多发地段。在很大程度上，被树处决的人往往就是把树砍倒——或是砍削部分树体——的人。在这些地方挥舞电锯的伐木工在工作中死亡的概率是其他工人的65倍。这些工人口袋里塞满了压缩绷带，就跟我奶奶在口袋里塞满面巾纸是一个道理。选择克力棉的男人们。其实，这儿要人命的通常不是电锯上的刀片，而是树。有时，就是他们正在砍的那棵树，但更多情况下是站在旁边的树。这棵树倒下时可能压弯邻居的树枝，导致断枝以致命的速度弹射出来。还可能有别的树的残片卡在那棵树上——"钩子般摇摆的断枝"或"岌岌可危地挂在树上的枝条"——都可能瞬间解禁，落到伐木工身上。

不列颠哥伦比亚省有一个很活跃的森林安全委员会，今天还来了两位委员会的成员。他俩名片上的头衔是"树倒安全顾问"。今天早些时候，我还见了一位"树倒监督员"。falling这个词还有跌倒、倒霉和坠入爱河的意思，但对于从事伐木业的人来说，这个词不会让他们联想到任何轻飘飘的场面。假如有人提起很久以前的同事，其他人会用切口式的话追问："他还在倒？"

倒下的危险系数最高的树就是危树（并不是废话）。你可以让一棵内外健康、木质优良的树往任何一个方向倾倒。伐木工就是这样做的：他们不会直接切断树干，而是切到一半就停下来，绕到另一侧，再砍出一个倾斜的切口。等他差不多砍完时，树干会朝向倾斜的切口指示的方向倾倒。但如果一棵树腐烂了，就很难用这种方式控制倾倒的方向，因为你没法准确地预测它往哪边倒。如果一棵针叶树是从上往下烂的，那么当树开始倾斜时，因腐烂而变软的部分就可能折断，落在树下的伐木工身上。也可能是整根烂树干"叠缩"——从上到下直接坍塌在原地。也可能是树干上腐烂的某个部分突然崩裂，瞬间改变了坠木倾倒的方向。想想那些骨质疏松的老人吧，疏松到一定程度，哪怕他们只是想调整一下坐姿，臀部都会出现骨瘘乃至凹陷。（因有这些过熟林，我们大概就能明白为什么曾经拥有森林的木材公司会将其捐赠给省政府了——海量的内部疏松的木材。）

理想的情况是：当树木倒下时，没有人在危树附近。这就是为什么他们不把非常高大、非常古老、非常危险的树木砍倒，而是把它们炸掉。爆炸物肯定不算婴儿玩具，但只要在足够远的安全距离内引爆就没问题。因此，不管树的哪一部分坠落下来，也不管它们从哪个方向倾倒，都不会砸到伐木工。

迪恩做完检查后，就轮到爆破专家戴夫·"达奇"·韦默开工了。（"达奇"这个绰号要追溯到他二十多岁时，涉及野草，而非野花。）68岁的达奇已拥有35年的树木爆破经验。他的父亲和祖父都是伐木工，他就是在伐木营里长大的，他说自己"简直命里注定要成为伐木工"。我第一次看到达奇的身影是在播放的短片里，那段视频以爆炸和尖叫的电锯为亮点，搭配激昂反复的管弦乐、持续轰鸣的定音鼓。看他的视频，你应该戴个护耳罩。

教堂森林的地面几乎不像是地表，还不如说是由腐烂的树枝和原木构成的"障碍"，而障碍物的表面和轮廓都被柔软、湿润的苔藓和蕨类植物掩盖着。你很难预测什么时候会踩到它们，踩到后又会发生什么状况。你的脚可能会踩踏到一根木头，也可能索性踩空，因为那看似木头的一堆障碍物实际上已碎成了渣，一踩就塌了。你两脚一空就会跌倒，但不至于因此受伤，只会跌进湿漉漉的境地。湿润地倒下。

迪恩去巡查的时候，还和达奇一起给我上了一课——树木解剖基础知识速成班。我学到的是：树与人并非完全不同。年头更久、材质更硬的树心好比支撑整棵树的骨架。围绕这根堪比脊骨的"心木"的是"边材"，负责输导树的血液——树液，边材长得非常慢，慢到可能需要另一个动词才足以表现。

树皮，名副其实，就是树的皮肤。它保护木材，而且——就像我们的皮肤——既是感染的入口，又是免疫系统的一部分。针叶树的树皮会分泌树脂（又称柏油）：一种黏稠的胶状物，可以封闭伤口，诱捕树皮甲虫，处决致病菌。树皮也和我们的皮肤一样，树冠会随年龄增长而变薄，周长最大、最接近地面的部分叫作树基。到此为止，我能说出的树与人的共同点就这么多了。

"有一棵，我炸过。"达奇的声音很低沉，在需要动用低音炮的时候——确实常常需要——他可以让言语声传播开来，此刻他正隔着一片树林和我们保持交谈，还要让声音穿透空转的电锯声。他指着一棵花旗松。在周围树木的衬托下，这些显得与众不同：它们的树皮很厚，还有很深的纵向裂缝。

隔着十英尺远正视这棵被炸过的冷杉，它看上去与周围完好无损的古树没什么不同，只不过缺失了最上面的三分之一。这棵树本来有约180英尺高，要看到最顶上的三分之一，你得把脖子后仰、再后仰。去掉最上面的三分之一能让这棵树更轻盈、更稳定——减少危险系数——同时也保全了中世纪舍伍德森林般的古老氛围，亦即旅游专业人士所说的"吸引游客的热点"。在人类视线的高度，活着的树、枯萎的树、被炸过的树看起来都一样：都有长满青苔的巨大树干。正如达奇所说："这棵树和别的树不同，但你绝不会发现，在你眼里，它只是又一棵漂亮的大树而已。"

和达奇施行的爆破术相比，老树也有类似的、但更精妙的策略——"紧缩"。树干会长粗，根系继续生长，但树木不会再长高，树冠附近的枝条会枯萎、掉落，这可以使一棵树不再头重脚轻。更重要的是，好比扯掉船帆，招风的面积减少了，树冠被吹动的概率——林业人员称之为"风倒木"，即树被强风连根拔起并吹倒的风险——也随之降低了。

我后仰再后仰，想去欣赏达奇在这棵冷杉上留下的手艺。谁知仰过头了，脚下没稳住，往后倒在了一根木头上。倒下的作者！达奇伸出一只手。以他的年龄来说，这只手惊人的光滑，没有很多皱褶，大概是因为他在户外作业时总戴着手套。如果别的伐木工读到这段，必会嘲笑这双漂亮的手，但我相信一个绰号叫达奇的男人绝不会为此黯然神伤。

不把危树砍成树桩还有一个原因。相比于年轻、健全的树，垂死、腐烂的树更可能成为野生动物的家园。烂空的树干会变成熊窝，枯死的树枝是猛禽狩猎时的栖息地，正在腐烂的柔软边材很容易被啄木鸟和其他穴居动物掘开。正是因为这些原因，"危树"往往也被归类为"野生动物树"。用爆破手段轰掉最顶上的三分之一有助于促成这种转变，让雨水更容易渗透进锯齿状的开放裂口——爆破点——最终渗入树的内部，加速树干其余部分的腐化过程。达奇为我拨开一根树枝。"生物学家很喜欢被炸掉的树冠。"他等我从树枝下走过去时说道。但喜欢是有前提条件的——不在任何动物的筑巢季节进行这种操作。

迪恩在一棵很大的道格拉斯冷杉上做了爆破标记。他掰下一块圆盘状、似有皮革质感的东西，那棵树的树皮上有六七块这样的圆盘横凸在外。"这是多孔菌。"他说着，把它递给我，含糊地笑了笑。迪恩的脸上总挂着一丝淡淡的微笑，但好像始终不太满意的样子。这块多孔菌只是冰山一角，但能让人一眼看出腐烂的迹象。真菌感染的症状往往是隐蔽的，直到病根深蒂固了，你才能看出来。也就是说，当树的外皮长出了这种多孔菌，内部已经烂得差不多了。

但也不必急于操作，在迪恩监测的这15年里，这棵树一直都有多孔菌。树皮很容易纵向大片脱落，俨如蜡烛边上的蜡滴。迪恩掰下一块树皮，在指间揉搓成碎渣。昆虫会利用这种"松软性"，钻进去产卵，结果就让树皮越发松软了。"看到这些白色粉末了吗？"迪恩说，"这都是虫屎。"昆虫的排泄物，虫屎（frass）跃居为我今日最喜欢的新词汇，取代了锯缝（kerf）：电锯切割后留下的裂缝宽度，如果你玩拼字游戏，这个词儿会很有用。

迪恩走到树的滴灌线，亦即最长的树枝的末梢垂直指向地面，并以此为半径在地面上划出的圆圈线。这个界线通常能表示一棵树的地下根系的终点。他指给我看：根部从哪里开始向一侧抬升，因为这棵树在倾斜。危树！迪恩把它列入明天的作业清单。

最近，教堂森林的树木都染上了一种在地下蔓延、叫作"阿米拉里亚"（Armillaria）的烂根病，受感染的树会将真菌传给与其根部相交的邻居树木。雪松有对付这种病的先天优势：它们自带一些化学物质，可以抵抗许多会导致腐烂的真菌（因此，雪松木材在屋瓦和户外家具中很受欢迎）。目前，这片森林的状况对雪松来说还挺理想的。它们需要充沛的光照，所以，当那些不那么耐腐的"邻居"病倒后，雪松就能受益于腾出的空间所带来的额外的阳光。"这都是周期性的。"迪恩说。到了某个时候，干旱又会打败雪松，另一个物种会在它们灭亡的地方茁壮成长。

迪恩连敲带拍，制造了很多声响，以便推测每棵树内部的腐烂程度。他说出一大串拉丁文名词，比我拼错单词的速度还快。达奇把这件事简化为三种情况：树心腐烂、树基腐烂、树根腐烂。迪恩和达奇曾一起教过"伐木安全课程"。达奇负责讲技术，迪恩讲监管事项。达奇会在第一堂课上爆几句粗口，让学生们放轻松。迪恩不爆粗口。他的装备一尘不染，及时填写文件，字迹清晰。你想要一个靠谱的人给几十棵可能会砸在人身上、两吨重的树做记录？除了他还有谁？

虽然迪恩和达奇风格不同，但都不符合我对伐木工的刻板印象——不符合的程度不相上下。几分钟前，这一行人在比较各自的饮食搭配。迪恩有两个朋友，都因生酮饮食减掉了40磅，吃起培根来"就像它们要过期了那样"。

"兄弟，这种吃法我可以有。"一位倒木安全顾问梦呓般地说道。

达奇自曝他为了心脏考虑，正在吃高脂肪、低碳水的食物，但始终对培根保持警惕。"我还是指望牛油果吧。还有鱼。"

"鱼,"迪恩赞同,"你这样吃就对了。"

迪恩给6棵树做了标记,准备明天早上爆破。我们约定了时间,明天再见,然后就结束了这一天的行程。没有人去喝啤酒,也没有碳水之类的玩意儿。

炸药存放在树林里一个没有任何标志的银色工棚里,要在伐木土路上走5英里才能到达。"工棚"这个词不太严谨。严格来说,存放炸药的建筑体应被称为"弹药库(magazine)"①。这个弹药库的墙壁有6英寸厚,里面填满了碎石,所以,就算那些枪法欠佳的猎人和粗人们乱枪走火,也射不穿这道墙,绝不至于把周围的森林炸成护根覆盖物②。

现在是清晨5点,天还黑着,银河看得清清楚楚。六七个修路队的人在卡车的车灯照射下磨磨蹭蹭,扛着奥斯汀火药公司的炸药袋。我看着达奇把5"管"红D搬到他的卡车后车厢里。那是装在塑料管里的,看起来更像是装曲奇面粉的,而非炸药。和加拿大的许多产品一样,奥斯汀公司的产品也用双语标注。"Explosifs, Explosives"——法语竟然更简短,这倒是挺稀罕的。我在城里的一家超市看到一袋东西上写着"nourriture pour oiseaux sauvages":鸟食。达奇的卡车驾驶室里挂着一块荧光色标志牌:危险品运输

---

① 你可以在 www.explosivestoragemagazine.com 上了解这些建筑体的所有情况,一开始看到 magazine 这个词,我还以为这是关于炸药储存的在线期刊呢。其实不用再做杂志了,这个行业确实已有自己的期刊,例如:《爆破工程师杂志》,光看杂志名字,我就愿意订阅。

② 译者注:用于保护植物根基、改善土质或防止杂草生长的有机物覆盖物,大多由植物打碎制成。

中。也就是说，如果我们在去森林的途中发生车祸并着火，紧急救援人员会明白——必须和这辆车保持距离。我们到达时，一群人正围在某人的卡车引擎盖旁边开晨会。迪恩在，倒木安全顾问们也在，还有一些负责切割或负责"搞定"倒下的树冠的工人们。因为这些树靠近公路，所以备好了三角锥和标志旗，以便叫停、指挥通行中的车辆。

达奇套上爬树登高用的安全带，准备上第一棵树：冷杉。他把带刺的脚托扣在小腿肚上。把刺踢进树干两侧——左、右、左——他就一步步攀上去了。稳住他上半身的是一条绕在树干上、与安全带相连的翻转绳。每每攀上几步，他就要拉动翻转绳，把身体拉近树干后，翻转绳就松弛下来，他就再把它拉高一英尺左右。如此反复，一直攀到他要为炸药钻孔的高度。达奇不畏高，也从未掉落过。我问起这事儿，他答："在我看来，那算是一辈子才会有一次的壮举吧。"

天气很冷，下着小雨，天只是蒙蒙亮。有位安全顾问借了我一件工作服，口袋里有木屑。我可以听到迪恩的无线电听筒里传来旗手们的闲聊，他们分布在工作区的两端，交替着在几条车道上挥旗叫停。"嘿，"有人在无线电里对另一个人说，"你的女朋友来了。"

达奇放下一根绳子，监管伐木的安全顾问将锯子绑在绳子上，"可能有个特殊的节疤，但我们不想留着它"。

锯子被拉上去了，达奇解开绳子，再告知我们他又要把绳子放下来了。从他高高在上的方位传来了锯子的噪声，锯末也开始喷涌而下。洞钻好后，电锯又被绳子送下来，换上一只装有炸药的背包送上去，俨如长发公主在作业。

　　15分钟后，达奇完成了工作。他爬下树，带下了导火线。迪恩把导火线拉到300英尺外的引爆点，我们都跟着撤。旗手们在无线电里汇报：双向交通都已暂停。迪恩吹响气笛，总共12声响。我是客串的引爆者，他们允许我去踩响第一声。这一声引发了一连串微小的爆炸，眨眼间，这些小爆点就沿着冲击管里的导火线往前蹿。紧接着我们就听到了爆炸声，接着，被炸开的树冠撞上了相邻的树的枝条，发出了两声裂缝裂开的锐响，再后来的轰鸣才是树冠落地时发出的巨响，最后响起的是所有人兴奋的欢呼声，除了迪恩。如果一棵树倒在森林里，却没有人在现场听到，那就太可惜了。

　　达奇领头，带我们回到爆炸现场。我们身边到处可见爆炸的威力，"满地碎片此起彼伏"。一队铲运工负责把坠地的树冠切成细条。从我们跻身于苔藓和蕨类植物中的低视角去看，这棵树剩下的部分和之前并无二致。当然，变化已经发生了。它的安全系数提高了。

　　安全顾问还在笑。我也是。我不太确定：为什么（在掌控之中的）大爆炸会让人如此高兴。我们似乎很容易被极端的事物吸引：巨大的、高大的、响亮的。是敬畏的力量使然。这是我们关心鲸鱼而非鲱鱼①、拥抱树木、却无意识地踩踏苜蓿的原因之一。

　　达奇在这片森林的工作也时不时引发怨言，这也不奇怪。他曾试图与一位抗议者沟通，解释这些树正在死去，不管炸不炸，它们

---

　　① 阿勃劳棱鲱（Abrau sprat）是455种极度濒危的鱼类之一，但这些鱼都不会出现在保护募捐活动中。谁来拯救八鳃粘盲鳗（eightgill hagfish）？谁会关心锐项亚口鱼（razorback sucker）和越洋公鱼（delta smelt）？

都会很快倒下。但抗议者的回答是："我们认为树木知道自己什么时候该倒下。"当然了，促使一棵树倒下的不是知识，而是致命的风、重力、损伤和腐烂的随机结合。

我不能判断孰是孰非。我们都与生命之树的某些分支产生了情感关联，对有些人来说，这个分支就是树木。我们对某些特定物种的挚爱并非出于理性。我认识一个人，他不肯吃章鱼，因为章鱼有智力。但他吃猪肉、买粘老鼠夹，虽然老鼠和猪都有很高的智力，甚至可能比章鱼还聪明——这是我猜的，毕竟，我没看过它们SAT的分数。就这一点而言，我们为什么要依据智力去判定该放谁一条生路呢？或是依据体形？难道简单的、微小的生物就没有生存的权利吗？

树木，尤其是年代久远的树木，似乎能激发我们的保护欲，想去捍卫它们。也许是因为树木自己做不到这一点——或者说，不能以我们轻易看到的方式做到。树不能逃跑，也不能反击任何比甲虫大的东西。树木很容易受到伤害，温顺又无辜。一般来说，植物都有这种气质。但你不要被这一点愚弄了。

第 8 章　　**恐怖分子？恐怖豆子！**

　　　　　作为谋杀帮凶的豆类族群

和联邦调查局一样，美国农业部也有一份专属的头号罪犯黑名单。翻阅《害草联邦清单》和其他被通缉的入侵物种汇总清单时，我不经意间发现了一种叫作鸡母珠的植物（在印度叫作相思豆），学名是Abrus precatorius。吸引我目光的是这种植物种子的照片，红黑色的豆子让人过目难忘，而且是我非常眼熟的——我家桌上就有两颗。那是一位导游在特立尼达岛的雨林徒步旅行中送给我的，他称它们为"鬼珠"，当地人戴这种珠串就能避开恶灵。他没有说——可能也不知道——鸡母珠的这些好看的种子就是相思豆毒素的来源，可以说是地球上最致命的植物毒素。相思豆毒素赫然可见于美国卫生和公共服务部的"特定制剂和毒素清单"，与蓖麻毒素和埃博拉病毒平起平坐。私藏超过一克的相思豆毒素就触犯了联邦罪。

不过，拥有鸡母珠是合法的。网上能买到成千上万的鸡母珠项链和手链[1]，手工艺网站也会批量出售这种豆子，卖给想制作这类工艺品的人。我注视着我家的相思豆，想到孙辈们常来常往——不懂事的小孩捡起这些豆子，吞下去后会怎样？

大概也不会怎样。这种种子的坚硬外壳经得起胃液的冲刷，可以保持完整无损地进入肠道。幸运的是，幼儿在"口腔探索期"——随便拿起什么就往嘴里放的阶段——还没长出臼齿。要是有小娃娃误食了相思豆，可能要等宝宝拉出了豆子，家长才会发现这件事。

---

[1] 但奇怪的是，从没有过鸡母珠做成的念珠。只有1931年出品一款"相思豆手包"的卖家注明了"有毒，慎误食"。

弗吉尼亚·罗哈斯·邓肯是美国陆军传染病医学研究所的生物学总监，这个机构专门研究如何应对生物战。她为《生物恐怖主义与生物防御杂志》（*Journal of Bioterrorism & Biodefense*）撰写了一篇有关相思豆毒素的文章，孩提时代，她在菲律宾玩过相思豆。"他拉肚子了，"她说起一个儿时玩伴曾吃了一些相思豆，"但隔天就没事了，我们又一起玩了。"

哪怕是咀嚼过相思豆的人可能也能安然度过。在印度南部农村不乏试图用相思豆自杀的人，在那里很容易找到这种植物，但很难找到其他可用来服毒自尽的东西。2017年，《印度危重症医学杂志》（*Indian Journal of Critical Care Medicine*）发表了一篇综述112次自杀未遂事件的文章。其中有6人最终死亡。14%的案例中完全没有出现任何症状。

这和蓖麻籽的情况差不多，蓖麻籽是蓖麻毒素的来源，其毒性比相思豆毒素更强。蓖麻籽和相思豆一样，都很容易用合法手段获得，因为其植株和种子都会被苗圃当作观赏植物出售。（不过，假如你是一个镇定到可疑的华盛顿州的公民，却把苗圃里的这类库存全部买空，工作人员可能会向联邦调查局报备。）《临床毒理学》回顾了中西部某家毒物控制中心十多年来的备案记录——总共有84例——40%是用于自杀，吞下的蓖麻籽平均有10颗；另外60%的人是无意误食的，平均服下1颗蓖麻籽，有点像那些无所畏惧、裹着尿片的口腔期探索者。在60%的案例中，蓖麻籽都经过了碾碎或咀嚼。没有人因此死亡或出现重症。大部分症状都是呕吐和腹泻。

奇怪的是，哪怕吞下的不是蓖麻籽，而是纯蓖麻毒素，似乎更不可能致命（根据实验老鼠所得的数据来看）。蒙大拿州立大学的生物化学家塞斯·平卡斯专门研究治疗这种毒素的可能性，为接触到这种毒素的病患开发治疗方法。根据他亲自操作的实验，小白鼠服用浓缩蓖麻毒素后死亡所需的剂量相当于你我喝下一瓶可乐。平卡斯的结论是：口腔细菌可能吸收了一部分纯毒素，继而，胃酸和酶又分解了一部分残留的毒素。假如吃下去的是磨碎的蓖麻籽，这种质地就会达成一种缓释机制，保护口腔和胃中的蓖麻毒素，并将其完整地输送到肠道中。

顺便说一下，蓖麻油是有效的清肠剂，但并不是因为含有蓖麻毒素。正如国际蓖麻油协会在官网上不厌其烦地向我们保证的那样：从种子榨取油之后剩下的东西才是蓖麻毒素。除非你存心让一个人因腹泻[①]和脱水而亡，否则，根本不可能用蓖麻油处决任何人。正是因为没有在作案前好好审读国际蓖麻油协会的官网，凯西·卡特勒在2005年夏天前往亚利桑那州的阿尔伯森超市买了蓖麻油，打算自己提取蓖麻毒素。GlobalSecurity.org 的高级研究员乔治·史密斯在 theregister.com 网站上详细介绍了此案。卡特勒欠一个毒贩的钱，就谋划出一个馊主意：只要毒贩上门讨债，他就把蓖麻毒素伪装成消遣用的毒品给他吃。就在卡特勒捣鼓蓖麻油时，他的室友开始感觉不适。室友担心自己可能是蓖麻毒素中毒，去

[①] 这是贝尼托·墨索里尼的黑衫军暴徒们偏爱的一种手段。根据网络期刊 *The Straight Dope* 的文章，政治犯会被强行灌下大量蓖麻油，最多可达一夸脱。谁会干这种事？更重要的问题是：为什么？为了让犯人脱水而亡？还是为了羞辱犯人？我找不到令人满意的答案，就连国际蓖麻油协会也给不出答案，尽管官网收到了大量电邮，却始终不置一词。

了急诊室。他只是得了流感，但一提到"蓖麻毒素"这个词，医务人员就警惕起来，当作潜在的恐怖主义袭击通报给警方，于是，一支凤凰城特警队飞速赶到他们的公寓。卡特勒服刑3年，罪名是带有犯罪意图并私藏泻药。

卡特勒对一件事的理解无误：假设你的针管里真的有蓖麻毒素，用针头在手臂上注射后肯定可以处决一个人。通过注射，（对一只老鼠来说）致死剂量仅需百万分之一克左右。1978年，保加利亚政治异见分子乔治·马尔科夫站在伦敦一个拥挤的公共汽车站时遭到暗杀，死因就是气动间谍伞射入大腿的一小颗蓖麻毒素。

注射相思豆毒素的暗杀行为至少可以追溯到19世纪，当时发生了一连串与印度南部的一群皮革工人有关的杀牛事件。这种杀戮方法的详情可参见《印度医药史：在英属印度所见闻的基本药物及其植物成因》（*Pharmacographia Indica*：*A History of the Drincipal Drugs of Vegetable Origin*，*Met With in British India*）。将相思豆磨碎后捣成糊状，搓成粗针状，就是所谓的"苏塔里（sutari）"。然后，把它放在阳光下晒干，磨光，粘在木棍上。用棍子用力抽打牛身时[1]，针尖会在牛的皮肤下迸裂，几乎不会留下犯罪的痕迹。

---

[1] 个别擅长"苏塔里"的手艺人开辟了新业务：涉足买凶杀人。1890年的《印度警察公报》介绍了"伟大的毒杀犯"杜里·查马尔的罪行，最终，此人被逮捕且被判处"终身流放（transportation for life）"。千万不要望文生义地误以为 transportation for life 作为惩罚的意思是一辈子乘坐印度的公共交通工具！令人困惑的还有流放的地点：白沙遍地、悠然恬静的安达曼和尼科巴群岛。在旅游业兴起之前，这些岛屿上有一个罪犯流放点，英国殖民者在那里做了一些令人发指的酷刑实验，惨无人道的程度远超印度铁路公司对人的折磨。

现在我明白了为什么截获的恐怖分子通讯有时会提到携带蓖麻毒素或相思豆毒素的自杀炸弹计划。飞射的弹片好比微小的"苏塔里"①，将毒物注入伤口，哪怕伤者本来可以幸存于爆炸。"赋予常规炸弹以更致命的效果。"《外交官》网络版的一篇文章做出这样的诠释。紧跟着这句话，这个段落就被订阅广告截断了，"喜欢这篇文章吗？……"我无语了，但我不得不说，有谁会喜欢一篇关于利用毒弹片大规模屠杀无辜者的文章呢？

你可能会想，恐怖分子是不是打算让无辜的平民吸入这些毒素？有可能。吸入蓖麻毒素的致死概率和注射不相上下。"大规模的肺水肿，"平卡斯主动解说，"你会被自己的体液淹死。"然而，要以这种方式处决一大群人，恐怖分子必须拥有足够多的设备和专业知识，以便制造出非常细微的蓖麻毒素气溶胶——最好不超过1~2微米。否则，气溶胶就无法在空中停留足够长的时间，并对众人构成威胁。（与微滴相比，极小颗粒的气溶胶还能更深入地渗透到肺部——也就是说更危险，这是我在新型冠状病毒感染中学到的、非常不喜欢的一个知识点）。无论如何，这里谈及的恐怖组织——"阿拉伯半岛的基地组织"（用蓖麻毒素）和"伊斯兰国"的神权游击队（用相思豆毒素）——并没有掌握复杂的气溶胶散布机制。他们有过人肉炸弹，但炸弹更有可能焚毁、而非散播毒素。

也有一种可能：这些组织只是为了增加恐怖感而打算在他们的炸弹中加入蓖麻毒素或相思豆毒素。毕竟他们是恐怖分子嘛。

---

① 西方国家的各个军队都曾多次进行这方面的实验，但不会用"苏塔里"这种说法。他们会称之为"箭弹"——装在一枚炸弹中的极小的毒箭，数量可多达35 000 支。加拿大和英国都已在动物身上做过了箭弹试验。

不管蓖麻毒素本身伤害了多少人，它都会在千百万人心中播下恐惧的种子。

"了解真相，保护自己。"面向公众的学习营活动中不断出现这类让人产生不祥预感的标语。在有关艾滋病毒、登革热和寨卡病毒的网站上你都看得到这种说法，还有铅中毒，身份盗窃，约会强奸，**有毒的豆子**。

加粗字体不是我干的。这几个字出现在犹他州一个食品处理人员测试和认证网站上时就是加粗的。他们提到的有中毒危险的并非相思豆或蓖麻籽（实际上，蓖麻籽不属豆类，而是大戟科），而是红色或白色的芸豆、蚕豆和利马豆（又称棉豆）。如果不把这些豆子煮沸至少十分钟，你就可能发现自己的肠胃很难受。有个典型的例子：日本有个电视节目教大家将白芸豆放在咖啡豆机里研磨成粉，烤3分钟，再撒在米饭上，结果，根据期刊文章《日本的白芸豆事件》报道：导致一千多名观众中毒，还有一百人被送进了医院。

想了解更多芸豆对人类能造成多大伤害的信息？听我的，直接去读《膀胱内的异物（芸豆）：一宗罕见案例的报告》吧。2018年，在印度斋浦尔，有个年轻男子将4颗芸豆推入自己的尿道，"为了得到性满足"。这类案例中经常发生的情况是：异物会滑入得更深，以至于无法轻易取出，一旦不适感加重，当事人也就顾不上体面了，只能去寻求医疗帮助。超声波检查显示芸豆"漂浮"在他的膀胱内。这些豆子被浸泡了一整夜，如同任何一种干豆子那样，它们膨胀了，也变软了，让回收工作变得更棘手。

豆子带来的危险有什么特殊之处呢？前不久，我向加州大学戴维斯分校的安·费尔默抛出了这个问题。这位已退休的植物学家在给我的回复中附了一个网站链接，网站是她本人创建的，汇总了许多花园里的有毒植物。我注意到第一类（主要毒性："可能导致重疾或死亡"）的112种植物时不禁大吃一惊！我家院子里就有过9种：夹竹桃、马缨丹、夜香木、半边莲、杜鹃花、映山红、柳叶石楠、海桐和圣诞玫瑰。还有一种也常见于家庭种植：巴豆，此时此刻就在我办公室的橙色陶瓷盆里茁壮生长。

换句话说，你不能把这些都当作"豆子"。确切地说该是"植物"。如果你逃不掉，也没法去打劫、开枪，大自然的进化就可能帮你找到别的求生术：用更加不动声色的方法来避免自己被吃掉。千万年来，自然选择一直对那些冲你翘起鼻子闻个不停的吃货眷顾有加，但它们最终都会绕道而行，放你一条生路。

能致命的花园植物数量多到令人震惊，那么，为什么只有蓖麻毒素能霸占各种媒体版面？为什么恐怖分子、暗杀者不从别的植物里提取毒素呢？第二个问题的答案很可能就是第一个问题呈现的事实：蓖麻毒素得到了媒体的青睐。马尔科夫暗杀案让"恐怖分子组织"关注到了蓖麻毒素，好比雷达上跳出了一个明亮、闪烁的信号。蓖麻毒素成为二流杀手和生存主义狂热分子的首选毒药。如何从蓖麻籽中提取蓖麻毒素？你不必费神到暗网去找，在谷歌上快速搜索一下就能找到。不过，除非你兼任罪犯和化学家 —— 像《绝命毒师》①中的沃尔特·怀特那样在第四季中从铃兰花中提取毒

---

① 编者注：著名美剧，讲述了一名化学老师利用自己超凡的化学知识制作毒品，并成为毒王的犯罪故事。

素 —— 否则，你可能缺乏必要的设备和技术，因而无法将这些植物变成谋杀凶器。

蓖麻毒素恶名远扬，使它拥有了别的植物毒素所不具备的邪恶气质。如果你想在"恐怖分子圈"里建立威信，声称你在制造蓖麻毒素听上去更像那么回事儿 —— 试想你说的是从杜鹃花里提取什么，别人会怎么想？安迪·卡拉姆的一席话让我意识到了这一点，他是反恐专家，也是《放射及核恐怖主义》的作者。

然而，这一切都不能解释为什么蓖麻毒素和相思豆毒素是美国卫生和公共服务部"特定制剂和毒素清单"上唯一的毒性植物。塞斯·平卡斯自有答案。我们交谈时，他解释了蓖麻毒素和相思豆毒素是"混杂型"毒素：蓖麻毒素发挥毒性需要与半乳糖结合，半乳糖是所有类型活细胞表面的一种碳水化合物。（皮肤的最外层细胞是死的，所以触摸蓖麻毒素粉末并不会导致危险。想靠邮寄物刺杀的壮士们可以省下一张邮票了。）大多数其他的致命毒素 —— 诸如霍乱毒素、肉毒杆菌毒素 —— 只会在一个地方造成破坏：诸如结肠细胞或神经细胞。

我把一个网站的页面转发给了平卡斯，上面写着："蓖麻毒素现货，价格最优。"（请容许我翻译一下：一千克蓖麻毒素标价150美元，纯度99％）现货出售的还有相思豆毒素，也有标价。你用CAS[1]登录搜索这两种毒素时，会跳出来六七个类似的网站。有一家供应商打出了广告，可以给你免费寄送许多商品的样品 —— 包

---

[1] 译者注：CAS 登录号是美国化学文摘服务社 (Chemical Abstracts Service ,CAS) 为化学物质制定的登记号，是检索有多个名称的化学物质信息的重要工具。

括"马脾",但蓖麻毒素和相思豆毒素是没有免费小样的。

平卡斯并不知道这个网站。以前,他是从得克萨斯大学的一名研究员那儿得到蓖麻毒素的。等到蓖麻毒素被列入"特定制剂和毒素清单"后,和它有关的任何操作都变得极其麻烦,那位研究员就决定不再供货了。她曾供货——大概也就10克或20克的量——给生物防御和新发感染研究库。平卡斯一边回忆一边说:"他们说'太好了,我们会派人去取的'。结果,他们开来一辆巨大的装甲车,停下来的时候还有类似的警车护卫队。而现在你告诉我,我只要上网就能买到百倍于此的量?"

看起来确实如此,我说。我去打探一下!只过了一天,我的邮箱里就出现了两封邮件。第一封信上的字都用了红色字体,寄信方是化学品搜寻援助机构LookChem。"严禁LookChem发布任何违反国家与国际规定的信息。一旦发现违规信息,本站有责任向国家机关报告。"这封信带给我的震撼多少被第二封邮件冲淡了一些。

"很荣幸与您联系上,"寄信人是凯莫西化工公司的销售经理凯西,肯定是LookChem的人把我的邮件转发给了她,"我将竭诚为您服务,建立业务关系。"凯西先表达了歉意,说他们公司现在没有库存的蓖麻毒素,继而提出建议:可以为我单独定制一批货。"我们的产品质优价廉,技术成熟,"她向我保证,"热销海外,赢得了广泛赞誉。"凯西问我要多少,什么时候要货。

"我不知道你该把这件事完成到什么程度。"我把这封电邮给平卡斯看,他如此作答。联邦调查局的特工时不时就到他的办公室来(他在角落里种了一株蓖麻,但联邦执法者从未注意到)。只是为了聊天。

　　我问乔治·史密斯，联邦调查局有没有监控这些网站的信息？他说有，但他觉得他们早就把这个网站从名单上勾除了。他特别指出凯莫西公司的蓖麻毒素网页上的一行字："储存于阴凉干燥处。"任何一种纯蛋白都必须冷藏保存，史密斯说："就算他们有货，想必也是经过细化处理的蓖麻碎料。"最有可能的情况是：声称要和我做生意的其实是骗子，会"以一千克100美元的价格卖给你随便什么白色的粉末"。

　　鉴于蓖麻毒素气溶胶化尚属业界难题，典型的"蓖麻籽投放者"（引用史密斯的原话）的声誉也实在不咋的，以我之拙见，联邦调查局并不担心蓖麻毒素会成为大规模杀伤性武器。

　　照平卡斯的意思，他们应该担心——要担心的不是在空气或食品中的蓖麻毒素，而是——"你可以把蓖麻毒素的基因植入具有高度传染性的病毒里，比如流感病毒"。这样一来，你就有了一种不仅能感染数百万人，还能导致数百万人身亡的病毒。（当然，想必还有数百万人是你不希望因此而亡的，所以首先要有一种疫苗去保护他们。）"我听国土安全局的人说过，'哦，我们一直在有效管控商业合成基因，没问题的……'"这套说辞根本不能让平卡斯放心。他想到了另一件事。

　　"为了达成治疗的目的，我们想合成一个基因，嵌入蓖麻毒素中有毒的那部分基因，并且能在——比方说，人体细胞中完成基因表达。假设有人在找这种东西，这个实验肯定会引起高度重视。但是，伙计，我们订购后两星期就得到了那个基因。所以，你真以为特定制剂清单可以保护我们不受老奸巨猾的恐怖分子的影响吗……"我可以替他说完后面的话。用一大车蓖麻铁蛋白来换都没人信。

还要问一句：真的是恐怖分子？那些无赖国家的军队呢？我们国家的呢？从一战开始，一直到二战，美国军方用蓖麻毒素做了大量肆无忌惮的实验。他们把毒素涂抹在手榴弹的弹片上。他们把毒素装进四磅重的空投炸弹。他们装配过填满溶解后的蓖麻毒素（有时只是蓖麻籽粉）的喷雾器。哪一样都没能让他们如愿以偿。

最后，他们将一些蓖麻毒素运到国家野生动物研究实验室，一家在科罗拉多州，一家在马里兰州，在老鼠身上做起了试验。

长久以来，战争和虫害控制策略一直携手并进。毕竟，两者都是为了尽可能高效地摧毁大批量的对手。直到核时代，任何针对人类敌人的新式杀伤法都会在有皮毛、有羽毛的敌人身上进行试验。例如，联合国对针对非洲奎利亚雀（或称"蝗虫鸟"）的控制工作的总结报告读来就像一份军事武力袭击的递进计划："枪支、炸药、火焰喷射器、凝固汽油和接触性毒剂。"

在第二次世界大战期间，化学战部门和农业部负责虫害防治的人员联手合作，面对共同的敌人：褐鼠。其又名挪威鼠，又名下水道老鼠，又名"希特勒派到这个国家的王牌特工"（摘自丹佛野生动物研究实验室的新闻稿）。在战争期间，原来的老鼠药原材料的供应渠道都被切断了，老鼠们猖獗得要人命："……破坏工厂，毁掉我们为盟友准备的粮食，还在我们的武装部队中传播疾病。"这并不是人类历史上第一次把啮齿动物描绘成敌人的帮凶。第一次世界大战期间，加利福尼亚的消灭地鼠运动的海报上的地鼠就曾戴着小小的、戴着标志性尖角的德军头盔。"地鼠夫人"挂着铁十字勋章——德意志帝国的最高军事荣誉之一——这只拟人化的动物把它当项链戴。

1942年6月，一个非同寻常的战时联盟创建起来。美国科学研究和发展办公室国防研究委员会（NDRC）九部（化学武器）与丹佛野生动物研究实验室（即现在的NWRC）联手合作，开发新型老鼠药。前者从军火储备中找出有望胜任此重任的毒素，推荐给后者在叛国的脊椎动物身上进行试验。沙林和代号为"化合物W①"的蓖麻毒素都是候选药物。效果最好的一款老鼠药被九部叫作"1080"，1944年6月首次测试成功的植物毒素。这种毒药很便宜，老鼠一吃就死。

早在战争军事部和农业部了解"1080"之前，这种毒剂就已应用于非洲乡村了，而且是以其植物的天然形态被使用的。我要说的是：啮齿动物和人类都是潜在的打击目标。因为这种毒素几乎没有任何气味，侵略者只需将植物碾碎，扔进敌人的水井里就完事了。我可以质疑原始植物的毒效，但最终分离出的毒素——代号为TWS的一种氟乙酸盐——确实有据可查。

TWS是波兰化学家团队无意间发现的，后来，他们与盟军情

---

① 除疣产品 Compound W 的制造商在为其产品命名时有没有意识到这种巧合？我不知道，因为拥有 Compound W 品牌的 Prestige Brands 公司没有回我的电话，官网上的在线媒体查询表格就是个死胡同，而且他们也没有 Twitter 页面。但是，既然我们已经在讨论不合时宜的名字了，不妨索性先考虑一下 Prestige Brands 这个公司名吧：因为直译为"威信品牌"的这家公司旗下还有一些颇有声望的品牌：Fleet（意为：下水道）灌肠剂、Nix（意为：啥也没有）除虱药、治疗胀气的 Beano（意为：招待员工的宴席）、URISTAT、No strilla 减充血药、Summer's Eve 冲洗剂、Boil-Ease、Efferdent（意为：输出管）假牙清洁剂和 Boudreaux 护臀霜。

报部门分享了这一成果。根据九部（Division 9）1945年4月20日的一份解密备忘录所示：一种可用作"水源污染物"的氟乙酸盐相关物质曾经审议，但从未使用。备忘录中提及的人员曾观看拍摄了狗被毒死的实验录像，并判定其为"极其令人厌恶的罕见景象"。（"1080"对狗的致死率是对老鼠的17～35倍。）那两人都强烈认同：以这种"可怖"的方式造成死亡的药剂"不可能被任何文明国家用来杀敌，哪怕敌人罪大恶极"。

因此，"1080"被送到丹佛野生动物研究实验室，在老鼠身上进行测试。该实验室的一份新闻稿描述了在新奥尔良一家饱受鼠患之苦的谷物升降机公司进行的"1080"鼠药实验。化学药品溶于水之后，放置在半盎司的小杯子里，沿着大家都知道的鼠族通道摆放，俨如要请啮齿动物吃下午茶。据新闻稿说，共有3 690只老鼠[1]在24小时内死亡。1945年由NDRC鼠类控制委员会编制的《1080实验报告摘要》给出的鼠尸数量没这么惊悚，但仍然令人咋舌。接着，孟山都公司的化学家炮制出了1 032磅"1080"老鼠药，运往被老鼠围困的陆军和海军设施以及公共卫生部门进行实地试验。

除了致死数量，这份新闻稿还详细列举了置于各处的诱饵：不仅有大麦、燕麦、红薯、椰子、巧克力、花生酱等最常见的老鼠饵料，还有颇显创意的混合食物。关岛海军基地的配方是将"1080"

---

[1] 鼠患达到那种程度是相当恐怖的事。"超级鼠患"，GEAPS（谷物升降机和加工协会——被誉为"谷物处理和加工业界的知识源泉"）的发言人如是说。GEAPS的人在一封电邮中写道，即便是在储存设施简陋的发展中国家有"这么多的老鼠好像也是极其罕见的"。

老鼠药和干鸡蛋、马佐拉奶酪和新鲜培根油混合在一起。后勤司令部第九分部的特色配方是：将"1080"和马肉、面包屑混合，做成肉饼。后勤司令部第一分部则将"1080"混入C型肉糜军粮。得克萨斯州卫生局加入了什么秘密成分？爆米花和鸡饲料。这份资料的作者们慷慨分享了一些他们最喜欢的诱饵食谱，并附有烹制说明(例如"将'1080'和面粉混合均匀。将面粉和毒药的混合物撒在切成块的蔬菜上，并不断搅拌"。)。

然而，这样做并不尽如人意。狗也会受到诱惑去吃那些美味，要不就是去吃被毒死的老鼠。请大家回顾一下前面写过的：狗对"1080"非常敏感。有一项实验报告称共有50只狗被毒死。政府机构的专家们集思广益，他们用柠檬做了毒柠檬汁。"1080"得以注册登记，牧场主可以用它对付郊狼。

现在，牧场主们遇到了新问题：如何阻止人类最好的朋友误食这种化学毒杀剂？特别是因为小狼中毒后往往会四处逃窜，用啮齿动物控制小组委员会主席贾斯特斯·沃德的话来说，"狼会在相当大的范围内吐出一定数量、尚未消化的有毒食物"。而牧场主的狗会发现那些食物残渣，然后吃掉。

沃德曾求助于国防部埃奇伍德兵工厂的化学武器专家C.P.罗兹上校。针对"1080"化学毒剂的野生动物毒杀版本，沃德很有礼貌地问道："您或许有什么好建议 —— 使用某种药物与"1080"混合，以减少土狼的呕吐现象？"还有，是否有什么成分可以让"1080"杀鼠药起到反作用？某种催吐剂，"这样一来，狗误食后会更快地吐出毒饵 —— 比"1080"毒饵本身引发的呕吐更快"。但是，那是不是意味着老鼠也会更快地吐出毒物，从而幸存？并不会，因为"老鼠无法呕吐"，语出美国科学研究和发展办公室国防研究委员会伯德赛·伦肖当年写就的一份秘密备忘录。

第二次世界大战结束后，毒素筛选计划仍在继续。丹佛野生动物研究实验室在其后45年里测试了大约15 000种潜在的毒药和驱虫剂。因有环境保护主义者和动物福利倡导者施压，化学家拓宽了选择范围。他们寻找的毒药不仅要成本低、足以致命，还要更精准地针对他们想要控制数量的那种动物。不论从宽泛的角度说，还是抠字眼的较真儿，名为DRC-1339的毒药似乎都能满足这些条件。扫荡庄稼的鸟类群体——黑鹂、椋鸟、北美牛鹂、美洲黑羽椋鸟——都对这种毒剂极其敏感。对于全美向日葵协会（NSA）来说，这无疑是个令人激动的好消息。

四十年来，NSA一直致力于扶持向日葵花农的利益，协会中的大多数人都在北达科他州和南达科他州，数千万只黑鹂和体形更小一点的鸟类食客的迁徙路径刚好经过那片地区。你可以把他们的尝试视为一种大胆的挑战——竟然想阻止鸟类去吃鸟食。根据2008—2010年的调查显示，黑鹂对北达科他州的向日葵田造成的平均损失约为作物总量的2%。

国家野生动物研究中心在北达科他州的法戈市设有分支机构，专门处理向日葵问题。这是一场持久战。他们开发了驱虫剂，但在实际应用中存在问题。因为向日葵的姿态很独特，"头朝下"，在空中喷洒的话，药物只能抵达花的背面，喷不到向日葵籽。他们又开发了杂交品种，令向日葵籽排列紧密，鸟喙很难啄取，但这个品种的向日葵籽的油脂含量很低。对于向日葵种植者来说，这无疑是重大劣势，因为种向日葵想赚钱的话必须靠葵花籽油，卖鸟食籽根本赚不到钱。(在大多数混合鸟食饲料中,向日葵籽的占比不大,这很好,因为只有爱鸟人士才会用鸟食饲料,你很难撇清这种产品也隐含了消灭鸟类的意图,那未免太讽刺了。)

这些年来,NSA一直在推动使用毒药的做法。但到了2006年出现了一个转折点,当时,菲多利公司宣布旗下最大的薯片品牌将开始选用NuSun公司出品的食用油来油炸薯片,所用的向日葵品种的葵花籽不含反式脂肪酸。为了满足庞大的市场需求,向日葵种植者需要种植数十万英亩的新品种。NSA想得到许可,以便增加年度"允许捕获"的黑鹂数量。南达科他州狩猎、渔业和公园部门驳回了这一请求,因为科学家已证实还有一种广受喜爱的野生鸟类——环颈雉——也对DRC-1339很敏感。2003年,国家野生动物研究中心公布了几十种对DRC-1339敏感的鸟类名单和详细数据,它们都不属于需要毒药控制的害鸟,而那些数据都是最初的筛选实验中没有罗列,或因某些原因没有公开发布过的。除了环颈雉、红雀、松鸦、知更鸟、美洲鹑、草地鹨、反舌鸟、树麻雀和仓鸮都对DRC-1339表现出高度的敏感性。难以言喻的是,对高盐袋装零食一向爱不释手的我读到这些内容时,内心的渴求竟在一定程度上得以平息了。血腥的薯片啊!

每年会有七千万只黑鹂飞抵北部平原,处决其中的一两百万只就好比用制冰机来解决全球变暖问题。投毒运动看起来不太像害虫控制,更像是因为屡屡挫败、愤恨难平而采取的泄愤之举,也谈不上有规有矩、有成果记录的操作方式。2002年,NWRC的一个研究小组进行了人口建模实验,得出的结论是:如果每年允许捕杀的迁徙黑鹂增加到200万只,向日葵种植者因此获得的好处却可能"少到可以忽略不计"。然而，杀戮仍在继续。2018年，USDA野生动物管理局捕杀了51.6万只红翅黑鹂、20.3万只美洲黑羽椋鸟和40.8万只北美牛鹂。

讽刺的是，向日葵种植者们早就知道什么方法最有效了。早在20世纪70年代，NSA旗下的《向日葵》杂志就已经推荐了有效且不杀生的方法："栖息地和作物管理是当务之急。"给鸟类提供同等美味的食物：种植一些成本低廉的"诱饵作物"，并有战略意识地摆放在适当的位置。与其在丰收后的割茬下忙着耕地，不如留给鸟儿，以分散它们对其他庄稼地里的作物的注意力。巧用干燥剂，让种子早点成熟，在鸟群飞抵之前早早地准备收割。不要在长满香蒲的沼泽地或其他容易吸引黑鹂栖息的地方种植向日葵。换句话说，要听从那位将军——将军的大名听上去就像向日葵杂交新品[1]——被引用过无数次的金玉良言：知己知彼，百战不殆。

最近，栖息地管理意味着除尽香蒲。就像当年制造大量"1080"那样，孟山都这次又出品了毒药——引发无数争议的除草剂草甘膦[著名除草剂品牌农达（Roundup）里的活性成分]。我刚刚在NWRC的四位研究员在2012年发表的论文中读到，为了提前收割而使用的向日葵干燥剂的化学成分之一就是草甘膦。长叹一声，头朝下。

仗打到最后，总有一条路可选：投降。"有一种显而易见的鸟类管理策略，"乔治·林兹和佩吉·格鲁在《北美黑鹂（拟黄鹂科）的生态和管理》的某个章节中写道，"那就是放弃易受鸟类影响的

---

[1]《孙子兵法》的作者孙武，春秋末期齐国人。

作物，改种其他不会遭受黑鹂损害的作物。"或者，像变成参议员的北达科他州向日葵种植者泰瑞·万策克那样，完全放弃耕作，投身政界。"我们投降了，"他对美联社记者布莱克·尼克尔森这样说，"鸟儿赢了。"

第 9 章　行吧，你们飞吧

抗击鸟群的军事行动以失败告终

我从当年的报纸上得知，被称为"轰炸乌鸦"的做法在1953年2月6日那天达到了史上巅峰，坐标：得克萨斯州阿萨小镇附近。"痛恨乌鸦"的乔·布朗德把150磅炸药分装成300个炸弹。每管炸药装到半满，连同当地铸造厂的金属碎片一起填入纸板管，再沿着布拉索斯河畔安置于灌木丛中——乌鸦们每晚都会回到这里栖息——最后把所有炸药管串联起来。据估计，当天共有5万只乌鸦瞬间死去，这个数字简直令人晕眩。

为什么没人致电政府机构汇报这种事？因为政府的人员就在现场。乌鸦飞走觅食后，当地的狩猎监督员就加入了串联炸药管的队伍。在此，鸟类的罪行只是——觅食。参考当时的报纸可知，当地人普遍抱怨的是乌鸦——又称"空中黑匪""黑羽歹徒""黑色恶流"——袭击水禽巢，吞噬鸟蛋和雏鸟，以至于猎鸭人都找不到足够多的水鸟去射杀。轰炸乌鸦，实际上就是政府扶持的一项保护举措。1935年冬天，监督执行炸死25万只伊利诺伊州乌鸦的人是谁？伊利诺伊州的保护专员。是谁在得克萨斯州库普兰附近的一个栖息地炸死了3 000只乌鸦后，飞往圣路易斯参加野生动物会议，又在下一个周五回来轰炸克里德莫尔的栖息地？得州野生动物协会的干事。

说穿了，美国的自然保护史也就这样了。"自然保护"这个词要到20世纪80年代才有了我们现在所认知的含义。人们保护野生动物和自然环境并不是为了自然本身的福祉，而是为了自己打猎和捕鱼。大片荒野被保护起来，免受农业和其他城乡发展的影响，以此确保大家总有地方可以打猎、钓鱼，也总能捕到猎物。要保护鸭子，就不能让它们受到乌鸦的侵害。

大群乌鸦的饮食习惯也让农民们怒不可遏。1952年，政府农业部门初试炸药。丹佛野生动物研究实验室在阿肯色州进行了一系列"轰炸实战测试"，地点选在一英里长的沼泽地树林，也就是红翅黑鹂、美洲黑羽椋鸟、椋鸟和北美牛鹂偷吃一整天大米[1]后回来的栖息地。这项测试旨在比较不同炸药的成本效益：炸药与导爆索、铅弹与钢弹哪个效果好？用马粪纸邮包当外壳好，还是用冰激凌硬板纸盒或罐头更好？多亏了这项实验，现在我们可以用数据说话了，比如：用邮政包裹填装炸药和铅弹，"平均每弹可杀伤"1 820只鸟，"处决每只鸟的成本"不到1美分。

　　但实验没有揭示处决巨大鸟群中1%~2%的鸟会对农民造成多大影响。事实上早就有了这方面的评估，我们可以从俄克拉何马州十多年轰炸乌鸦后收集的数据中推断出来。《北美黑鹂（拟黄鹂科）的生态和管理》中相应章节的作者理查德·道别尔长年担任美国农业部鸟类学家，他写道：1934—1945年，共有127个乌鸦老巢被炸毁，"以减少乌鸦偷食水禽蛋和粮食作物而造成的损害"。据估计，共有380万只乌鸦被炸死，但道别尔写道，"没有证据表明轰炸能影响人口水平、农业损失或水禽产量"。

---

　　[1] 请允许我们借此机会辟个谣：民间传说如果鸟吃了抛撒在婚礼上的米粒，内脏就会爆裂。多年来，这种无稽之谈经久不衰，传播到著名专栏作家安·兰德斯的文章里，甚至能在康涅狄格州的立法机关里扎根。1985年，机关代言人梅·施密德尔提议建立"禁止在婚礼上使用未煮熟的生米"的法案。奥杜邦协会说这纯属胡说八道，并强调迁徙鸟类本来就在稻田里觅食吃米。但不管怎样，有些教堂还是禁止在婚礼上撒米了，倒不是因为这会危及鸟类，而是担心危及宾客——他们可能踩到圆滚滚的硬粒谷物，不慎滑倒，然后直接"飞射"到人身伤害律师的办公室。

其实，应该这样形容作为野生动物损害控制手段的杀戮：不仅很卑劣，而且没有用——除非你斩草除根来个团灭。有一次，我去国家野生动物研究中心做功课，在档案馆花了一上午的时间读了一些老前辈们的口述史文献。其中一人的故事让我久久难忘。刚出道时，韦尔登·罗宾逊是政府的赏金猎人，每杀一头郊狼能领到3美元。没多久，他就被丹佛野生动物研究实验室雇用了，就此平步青云。到了1963年，罗宾逊负责监管四个部门，包括鸟类控制、捕食兽类控制和损害农业的啮齿动物控制。在消灭有害野生动物的领域里，他堪比一手遮天的沙皇。罗宾逊的口述史显示，这项事业进行到某个时间点时，他有过一次顿悟：他所在的机构长年累月努力减少那些野生动物的数量，但"大自然自有调整之道"。

罗宾逊注意到了补偿生育现象。除灭一个种群中的大多数个体后，余下的个体就得到了更多食物。借由各种生理反应——缩短孕期、增加繁殖量、延迟着床——饮食充足的个体会比勉强糊口乃至食不果腹的个体产出更多后代。有了充足的食物，父母和幼崽都能吃饱，也因此更有可能生存和繁殖下去。比如郊狼在食物匮乏时可能只产3只幼崽，食物充足时则会有8只。这个数据来自迈克尔·科诺福所著的专业书《解决人类与野生动物的冲突》（*Resding Human-Wildlife Conflicts*），科诺福曾任杰克·H.贝瑞曼（Jack H. Berryman）研究所的所长，这个机构致力于扶持研究、解决人类与野生动物冲突的多种方法（很多方法都会置动物于死地）。科诺福补充说，处决一些郊狼，会为那些本来没机会繁殖后代的雄狼开辟疆野。讲到底就是一句话：为了最终实现郊狼数量变少，人类每年都必须消灭至少60%的郊狼。

对此，罗宾逊有自己的金句，还分享给了采访者："出生率比死亡率更有效。"朗朗上口，但有点深奥。女记者换了话题，但他没买账，立刻扳回到这个观点。读到这里，我能想象出他在椅子上倾身向前的样子。"出生率比死亡率更有效。"他重复了一遍。这时，采访者说她没有问题了，他们便看了一些老照片，惊叹于名叫约翰逊·内夫的同事也曾有过头发。

我还在口述史中读到了一种做法：高估鸟群的规模，以确保联邦政府发放用于鸟类控制的款项。研究中心负责控制鸟类掠夺行为的主管向采访者解说了他如何估算飞越他们头顶的鸟群的总数量。这种技术并不完善，但他说，总比像某些州那样随口编造一个大数字要好。"'有两千万只鸟呢！我们需要更多资金。'（笑）没错，农场主们也会这样信口开河。'我家田里就有二十万只鸟！'我要更多！（笑）。"

比如说，我们甚至不清楚黑鹂吃米是否意味着农夫遭受了重大损失。根据1971年鱼类和野生动物管理资源出版物所示，每英亩稻田平均损失的稻米量在半蒲式耳 —— 按体积算的话约为4加仑① —— 到1蒲式耳②多一点。这份资料接着提到：这比联合收割机在庄稼地里移动收割时的惯常损耗要少 —— 也就是通常掉到地上的那些米（每英亩损失1.6~1.8蒲式耳）。

还提到了一点：鸟类可以除害虫、除杂草，这对农民来说是求

---

① 编者注：加仑是一种容（体）积单位，一加仑（美）约为3.785升。
② 编者注：蒲式耳是一个计量单位，在美国，一蒲式耳约为35.238升。

之不得的好事。根据对将近 5 000 只黑鹂的胃容物的检查报告，生物调查局（NWRC 的前身）的福斯特·埃伦伯勒·拉赛尔斯·比尔这样说道："仅从其胃容物来看，红翅黑鹂显然是一种有用的鸟。它们为稻田除去有害的昆虫和杂草的种子，其助益远超于它们吃掉谷物所带来的损害。"在这份报告上签名认可的不是别人，正是农业部长本人。如今，你只能在有机农业组织①里才能获取这类信息。（例如：野生农场联盟。根据胃容物，"对山核桃业而言，每只美洲凤头山雀都价值 2 900 美元左右"。）

道别尔在关于黑鹂的书中写道："人们很快就放弃了轰炸鸟群的做法，出于各种显而易见的原因：所需的劳力、费用、潜在的危险、巨大的致残率……更何况，这样做无法真正解决问题。"所以，阿肯色州的轰炸实验报告是以赞许的结论收尾的，这就有点古怪了。研究人员约翰逊·内夫（内夫！有头发的时候！）和莫蒂默·布鲁克·明利表态说：研究结果证明了"轰炸鸟群不仅有效，而且经济实用"。

明利和内夫只是对庄稼地里的鸟恨之入骨的那种人吗？乔·布朗德那种？而且/或是热衷于引爆炸药？轰炸鸟类之举似乎在二战后达到了顶峰。我禁不住怀疑那是某种战斗激情的残余产物，被错置的狂热爱国精神的遗物。但看到明利的讣告，我的这种想法不攻自破。他在第二次世界大战期间服役的任务是带领士兵回归大自然，以得到身心康复。"他带士兵们去徒步赏鸟，完成了自己

---

①1848 年，一群加利福尼亚海鸥飞越大盐湖，如同上帝之手降落在一片正在被一大群昆虫吞噬的庄稼地里。直到今天，犹他州的州鸟仍是加利福尼亚海鸥，原因就在于此。

肩负的军事任务，并坦言自己的运气好到令人难以置信。"明利和内夫都是值得尊敬的鸟类学家。

那么，这位温和的鸟类爱好者，《斯氏森莺的自然史》(*Natural History of the Swaison's Warbler*)的作者，又怎么会在阿肯色州的河口轰炸黑鹂呢？我猜想，就像昆虫学家最终开发出杀虫剂、野生动物学家发现自己不得不处决熊那样吧。对口的职位不多，他们只能安于现状。一个以鸟类为专长的人能找到的谋生方式并不多，而鸟类控制就是其中之一。

我无法断言明利和内夫为什么会赞同轰炸。也许他们从没读过比尔先生的黑鹂报告，也没读过论述俄克拉何马州轰炸乌鸦运动的结果乏善可陈的论文。看起来，好像也没人读过内夫和明利的论文，因为控制黑鹂数量的办法很快就远离了炸药堆⋯⋯

转向了化学战。5年后，内夫和明利重返田野，将浸过马钱子的谷物撒在黑鹂巢和牛鹂巢周围。道别尔写道，这两种鸟"大都避开了毒饵"。也可能只是为了避开约翰逊·内夫和莫蒂默·布鲁克·明利吧。

对偷粮食吃的鸟类发动战争偶尔也会超出比喻的说法，执行真枪实弹的军事行动。1932年10月，澳大利亚国防部部长同意派出两名机枪手，由G.P.W.梅瑞德斯少校带领，赶赴西澳州击退践踏庄稼、偷偷小麦的鸸鹋暴徒。(一开始，农场主们请求国防部借一些机枪给他们用，但被部长拒绝了。)作为回报，军方只要求在击毙的鸸鹋身上拔些羽毛，拿去装点国家轻骑兵的军帽。

事实证明，作为敌人，鸸鹋远比梅瑞德斯少校和两名枪手所预计的更难对付。这种鸟虽然不会飞，却是当之无愧的短跑健将，经由适当的刺激，奔跑时速可达30英里。鸸鹋与周围的环境融为一体，还有某鸟担任瞭望员，在这次战役里，还没等鸸鹋群进入枪支射程，瞭望员就早早地发出警告，大伙儿就会在升腾的尘埃中作鸟兽散。第三天，梅瑞德斯少校在确认只有26只鸸鹋的前提下，决定改变战术。他设了埋伏，让枪手藏在鸸鹋会去喝水的水坝上方的灌木丛里。下午4点左右，他们在远处发现了相当大的一群鸸鹋。

　　《西澳大利亚人报》的记者这样写道："它们不断抻长脖子观望，走近时小心翼翼，表明它们没有忘记过去几天里发生的事，但无情的饥渴迫使它们前进。"这群鸸鹋走到距离他们几百码①时，梅瑞德斯少校下令开火。尘埃落定后，士兵起身，清点尸体。只有50只鸸鹋死在战场上，这个数字实在无法让人大呼胜利。借口总是要找的。有人对记者说，因为机枪卡壳了。还有人大胆揣测，大多数子弹只是打穿了鸸鹋的羽毛，因为鸸鹋的"羽毛比肉多"，所以没造成致命伤。梅瑞德斯少校认定他们击中了数百只鸟，但它们都没死。他称赞鸸鹋有一种近似超自然的能力，"带着坦克般刀枪不入的气魄面对机枪的扫射"。听上去，他竟有点徒然神往，"如果我们有某个师拥有这些鸟吞子弹的本事，必将无往不胜，能迎战世界上的任何军队"。

　　第六天，梅瑞德斯少校败下阵来。"鸸鹋成群结队地出现在路两边，"《珀斯每日新闻报》观察细致，"仿佛在致以嘲弄的告别。"鸣金收鼓，差不多就是这样结束的。12年后，第二次世界大战进入白热化时，自命不凡的西澳小麦种植者们再次要求进行军事化

---

　　① 编者注：英美制长度单位：一码等于0.914 4米。

毛茸茸的罪犯

干预。这一次，他们希望"从低空飞行的飞机上投下轻型炸弹"。这一请求遭到了拒绝。

与此同时，远在太平洋上，中途岛环礁区的信天翁正逐渐集结，成为难以击败的劲敌。

中途岛位于北美洲和亚洲之间的太平洋上。因此，对美国来说，中途岛环礁极具战略意义，1941年，美国在岛上建立了海军航空基地。无论过去还是现在，中途岛对十几种海鸟来说都非常重要，包括每年返岛产卵、抚育下一代的成千上万只黑脚信天翁和莱桑信天翁。这些海鸟在这座岛上没有天敌，所以它们并不恐惧新来的事物——包括人类和机械物，而是带着一种既冷漠又好奇的态度。它们在海军的起降道上翱翔，面对与其共享天空的嘈杂、庞大的金属鸟，它们俨然视若无睹。撞机——鸟撞飞机——就成了一个大难题。

"我们的汽化器进气口里有一只鸟，"在1959年的某部政府宣传片里，名叫杰瑞的机师飞行员在麦克风里向海军公共事务部的人员汇报，"导致我们的三号引擎完全失去动力。"

麦克风向后倾斜，移到采访者的嘴边。他的小胡子被修剪成倒"V"形，酷似头朝下、翱翔中的信天翁。"如果你在一架超级星座式雷达飞机的进气口塞进一只笨咕尼，会发生什么事？"（"笨咕尼"是空军给信天翁起的专用绰号）"你认为飞机会在起飞时坠毁吗？人机俱毁？"

"是的，先生，非常有可能。"

采访者转过身来，面对镜头。"你们都听到了吧。一线专业人士知道自己在说什么。他们很难理解为什么要让这些笨咕尼鸟继续在中途岛生存下去。"

场景转移到欧胡岛巴伯斯角海军航空基地的一间办公室。镜头向我们展示了手持教鞭的海军上将本杰明·E.莫尔。少将站在一个摆放了海报板的画架边，板面上用显眼的字迹罗列了消灭笨咕尼鸟的成本统计得出的几项重要数据。"我们去年进行了538次剿灭。"教鞭指中的文字写着：灭鸟538次。然后，他一一解释了这些灭鸟行动的成本，首先是付给修复损失的人员的工资。"2 520个工时乘以每小时2美元，等于5 400美元。"莫尔上将走到第二个画架前，教鞭指中了33次飞行受阻。每一次被迫中止的飞行都需要飞行员倾倒3 000加仑的燃料，以达到安全降落所需的重量。教鞭将我们的目光引向为减负而倾倒的99 200燃料加仑，下面标明的是具体费用：17 500美元。上将回到第一个画架，有人已经在镜头外更换了架上的文字板。教鞭最后一次果断地指中一排数字：总计156 000美元。

莫尔上将走到他的办公桌前。他的左手边有一面美国国旗，像所有沉沦在室内的旗帜那样，无精打采，近乎悲伤地悬在旗杆上。上将坐了下来。气氛变得低沉。"要么把笨咕尼鸟从中途岛赶走，鸟走人留，要么人走鸟留，乃至埋葬22人的飞行机组。我希望我永远不要执行那样的任务——向一些母亲或妻子解释她们的儿子或丈夫死于……"莫尔上将停顿了一下，举起镜头外的小精灵灵巧地递到他桌上的一张照片，放大的照片上有一只冷峻地站在草坪上的信天翁，他向它投去愠怒的目光。"……它之手。"戏剧性的管弦乐渐渐响起，画面随之淡出，"剧终"二字浮现。

这部宣传小电影的片名是《中途岛的第二战》。这是一场旷日持久的鏖战，比第一次战役更长，比第二次世界大战本身还漫长。

一开始，战略简单粗暴，就是杀。因为鸟儿很多，弹药的成本也很高，海军上将是有预算意识的，所以最初的攻击没有用到枪。那是在1941年，详情可见于鱼类和野生动物管理局的一份题为《大规模剿灭实验》的特殊科学报告。共有两百人手持长管或木棍"每天花6~7小时"暴打信天翁的后脑勺。估计有8万只鸟被打死。"在短期内，它们对飞机的危害有所减少"，这段话得出的结论是，"接下来的季节里，信天翁的数量似乎和以前一样多"。

战略改变为软硬兼施的骚扰。为了让信天翁心甘情愿地去别的地方筑巢，有关人员使出了所有招数。1963年对中途岛信天翁的政府管控工作报告在题为"扰乱"的章节中罗列了"步枪、手枪、火箭炮、迫击炮"。"有些鸟表现出了不适感"，但"没有明显数量的鸟群"离开巢穴。他们在飞机跑道旁边鸟巢密集之处，每隔135英尺设置了10个碳化物爆炸装置。"飞行的鸟只数量未见减少。"为了驱赶海鸟，有关人员还焚烧过橡胶轮胎、点燃照明弹、使用有毒的烟雾。他们还试过拉响"超声波警报器"，以为——显然是误解了——海鸟能听到超声波。还有一次，一架洛克希德WV-2预警星雷达侦察机滑行到距离鸟巢区100英尺的范围内，开启了高强度的雷达波束。可惜，未能见效。

既然用骚扰的办法也不能赶走岛上的海鸟，海军又开始琢磨有没有可能用物理移动的笨办法。他们又做了一项测试，从跑道附近的鸟巢里拖走18只信天翁，绑起来，送上即将离港的军机，分别前往日本、菲律宾、关岛、夸贾林以及欧胡岛巴伯斯角的海军航空基地——哎呀，那可是本杰明·E.穆尔海军上将的据点所在地！在所有痛恨信天翁的将士里，属他的军阶最高。那18只信天翁中，有14只在繁殖筑巢季节及时飞回了中途岛（没有用到飞机）。当时的海军根本没想到信天翁可以漂泊数千英里，但总能回到同一个地方筑巢。

而且，你也不能用移动鸟巢的办法哄骗它们。海军试过了。海鸟参考自身体内的GPS就会发现巢被动过了，它们就会回到自己真正的出生地，重新打造新巢。接下来，海军使出的招数是移动鸟蛋。约有一万枚信天翁蛋被转移到邻近的岛屿上，水手们把当地的鸟儿赶出它们的巢穴，再把那些"绑架"过去的蛋偷偷放进鸟巢。简直像20世纪70年代福尔杰咖啡广告里的情节。我们用邻岛的鸟蛋偷偷取代了这里的鸟蛋。那些海鸟才不像广告里被速溶咖啡骗了的笨蛋，完全没有被糊弄。

海军上下气急败坏，不得不求助于科学。1957年10月2日，宾夕法尼亚州立大学的动物学教授休伯特·弗林斯接到了华盛顿打来的电话，问他是否愿意到中途岛环礁观察12月至次年1月的海鸟筑巢活动。换句话说，是否愿意做出莫大的牺牲，放弃他在两个学期间的假期，别在宾夕法尼亚州的阿尔托纳闲逛，而是远赴热带岛屿。你肯定猜得到答案。陪他一起去的是他的妻子梅布尔：对蟋蟀和蚱蜢的"鸣叫序列"①特别感兴趣的生物学家和图书管理员。

就在弗林斯抵达中途岛的第一天，军方正好在执行又一次的"大规模剿灭行动"。尽管早先的大规模杀戮均宣告失败，但还是

---

① 正是休伯特和梅布尔·弗林斯揭穿了一种民间传言——只需数一数蟋蟀鸣叫了几声，就能确定室外的温度（换作是弗林斯夫妇，测试的就是公寓里的温度）。做法是这样的：数一数25秒内的蟋蟀鸣叫次数，除以3，再加上4，你还得记住自己用的是华氏度还是摄氏度，然后把"下载天气应用程序"添加到任务清单中。

有人在游说：可以把整个中途岛上的海鸟都用棍子打死。梅布尔带着她的卷盘录音机亲临战场，想把信天翁的惊叫和求救声录下来，以便日后在更具鸟类学意识的地方播放，以提前吓跑鸟儿。但她没录到惊叫声。休伯特在回忆录中写道："这些鸟大都安静地坐在原地，直到被棒子打中。"梅布尔的录音机只录下了"头骨的破裂声"，还有一个年轻水手在其间发出的悲号："我可不是为了打烂无辜海鸟的头而加入海军的啊！"

休伯特不动声色地提及士气的问题，以及如果这里的消息传出去，"美国本土人民会有何反应"。没有人在意他的担忧。这次屠杀和之前的一样，并没有达到预期的目标。虽有 21 000 只信天翁被杀，但休伯特看得到真相，"几乎还有同样多的信天翁仍在跑道附近徘徊，鸟机相撞的次数也没有改变"。此外，他还谈到："就算在中途岛上完全消灭了信天翁，可能也只是暂时现象，很快，新的定居者就会看中这片空闲的栖息地。"

休伯特和梅布尔尽其所能支招献策，提出了更体贴、更温和的建议：清除附近岛屿海滩上的马尾藻，吸引需要筑巢养家的信天翁。这个建议出现在海军的宣传片中，但只是过场的配角。我们看到莫尔上将的教鞭击中放大数倍的库雷环礁的照片。他在影片中提到海军航空局计划将灌木丛夷为平地，但我没能了解到更多相关信息。

海军确实尝试过"改造地势"，但仅限于中途岛。跑道附近有一排沙丘会产生上升气流，于是有人建议，因为信天翁需要这些气流来助飞，所以将沙丘铲平就能解决问题。休伯特不认同这个观点。从海上吹来的风，加上信天翁大面积的翅膀，足以提供飞行所需的上升力。他指出了这一点，但沙丘还是被推土机推平了。要说这样做有什么效果，那就是铲平沙丘后出现了更多的信天翁在跑道上翱翔，因为它们进出这片区域更加畅通无阻了。

几个星期过去了，休伯特不得不回去教书了。他和梅布尔同意在宾夕法尼亚州做一些实验。弗林斯夫妇热衷于开发一种信天翁驱避剂。海军——已经很有运送活体信天翁的经验了——立刻给他们送去了两只信天翁。休伯特回忆录中有一张梅布尔的照片，她穿着短袖连衣裙和双色平底鞋，掀开一只胶合板箱的盖子。从箱口探出头来的正是那两只莱桑信天翁，它们刚刚完成漫长旅行的最后一程：开往阿尔托纳的特快列车。人类对它们做了那么多奇怪的事，但这种海鸟毫不在意，一如既往。

驱赶信天翁的种种尝试都令人失望。樟脑丸没法赶走它们，活生生的蛇放在它们面前，它们无动于衷，对录音机里或凄惨或警觉的叫声置若罔闻。这或多或少是在预料之中的，毕竟，为了引发、记录这些惨叫声，有一只中途岛信天翁被人类围着棍打一顿，然而，事发当时仅在几英尺外筑巢的鸟儿们"甚至没朝这边看看是什么情况引起这种骚乱"。信天翁实在是一种镇定的海鸟。

次年一月，弗林斯夫妇又去了中途岛。他们已经没什么招儿可支了。有一天，休伯特注意到一些军妻毫不费力地赶走了一群闲逛的信天翁：她们只是把桌布展放在身前，走上自家的草坪。"我们做了各种实验，在我们身前展开各种遮蔽物，再向鸟儿走去，"他写道，"……只要展开的平面够大……就很有驱逐力。"这一发现让休伯特大为兴奋，立刻安排去中途岛司令部开会。他提出了"整合方案"，让人手持大幅彩色方布，"很有可能清除在本岛筑巢的海鸟"。他估计，在信天翁回巢期间，每天需要20~30人做这件事。

但这个建议没有被采纳。在此之前还有一个提案——在筑巢区拉低电线以骚扰信天翁，用大白话来说就是——绊倒它们。休伯特的最后一项建议得益于观察而获得的启示，他注意到，从来没人看到信天翁飞到悬挂在部分飞机库屋顶下的金属吊顶下。他很好奇：如果在信天翁不该筑巢的地方悬挂长长的织物板，是否能阻止它们安家？他设想在跑道两旁的海滩上以20英尺的间隔竖起杆子，支起10英尺长、3英尺宽的彩色挂板。如果你是婚礼策划人，或是喜欢用织物包裹地标建筑的艺术家克里斯托，听到这法子应该会赞不绝口。但对于海军飞行员来说就没那么美妙了。有天晚上，休伯特在军官俱乐部提出了这个想法。后来他在回忆录中写道："在这个问题上，大家的意见很不一致。"

差不多就是这时候，他们对弗林斯夫妇的态度开始恶化了。他回忆说："他们认为我们的工作没有用处，还尽招惹麻烦。"于是，休伯特·弗林斯回到了他的象牙塔，梅布尔回到了她的蚱蜢和蟋蟀之中，还开始了一个新项目："综观蜘蛛的生活方式"。我要以休伯特日记中的一段话来结束这个段落。"在我们养过的所有动物中，这些信天翁成了我最能感同身受的对象。我真的很喜欢它们，敬重它们那种独立、快活、自得的样子。这标志着我们与绝对高贵的生命相知相识的一段日子告以终结。"我对休伯特和梅布尔·弗林斯也有类似的共情。

1993年，海军关闭了中途岛海军航空基地。没有飞机坠毁过，没有飞行员因笨咕尼而牺牲。在海军驻扎的整个时期里，虽有各种尝试，但飞鸟撞飞机的事件始终不断。有一份报告指出，在为期四年的信天翁控制计划快结束时，鸟击事件的数量是计划开始时的两倍之多。

1958年9月，《飞行》杂志刊登了一篇关于中途岛信天翁谜团的文章。文章引述了一位飞行员的话："我敢打赌，不管我们朝它们扔什么，当一切都结束时，中途岛仍将是笨咕尼的领地，而我们只是受制于妄想征服一种鸟的过客。"

我真希望那位飞行员在这个赌注上压了真金白银，因为一切真的都结束了。现在，这些海岛屿确实是非常多的笨咕尼的领地。现在，中途岛海军航空基地成了中途岛国家野生动物保护区。现在，海鸟在那儿快乐地孵蛋，养育后代，鱼类和野生动物管理局默默地努力赎罪，正在尽力恢复鸟类栖息地，除此之外就没别的糟心事了。

放眼世界各地，仍有很多野生动物无知无畏却悲惨地与大型车辆相撞。科学界也仍在继续认真地寻找解决方案，哪怕有时不乏娱乐性。

第 10 章　**再次上路**

跟着动物，乱穿马路

2005年7月26日，"发现号"（Discovery）航天飞机撞上了一头秃鹫。相撞发生在飞机升空时，因而被全程拍摄下来。通过视频你可以看到那只巨大的鸟正向高处飞翔，可能正在享受火箭升起时带来的那股惊人的热气流。接着，它突然从燃料外储箱上弹出来，如伊卡洛斯①般急速下坠，落进了尾喷焰。飞机刚开始加速，所以撞击带来的损害很小，而且几乎都由秃鹫承担了。即便如此，当国家野生动物研究中心（NWRC）俄亥俄州桑达斯基分部的野生动物学家特拉维斯·德沃特回忆那一幕时，还是会说"让很多人心疼啊"。

NWRC的分部办公室就在美国宇航局（NASA）梅溪站（Plum Brook）的所在地。梅溪站是NASA的专用测试场地，确保火箭发动机、火星着陆器等设备能在太空旅行的压力和某些非常情况下能够正常运转。梅溪站的工程师们可以造出比音速还快6倍的强风，也能模拟出火箭发射时才有的那种剧烈振动。相比之下，一头肆意妄为的秃鹫出现在这里似乎挺好笑的，但没人笑得出来。特拉维斯特意提醒我——想当年，"哥伦比亚号"航天飞机在升空时因绝热材料碎片脱落，击中了左翼前缘，结果导致这艘载人飞船在下降时发生了爆炸。

国家野生动物撞击数据库的总部就设在梅溪站，由联邦航空管理局（FAA）和USDA共同管理。说起来，梅溪站就像联邦机构的一锅大杂烩。联邦调查局也在这儿设有办公地点，就在特拉维

---

① 编者注：伊卡洛斯是希腊神话中代达罗斯的儿子，他在使用蜡和羽毛造的翼逃离克里特岛时，因飞得太高双翼上的蜡遭太阳融化落入水中丧生。

斯办公室对面那排紧闭的房门后面，门上什么标牌都没有。他不知道他们在那边忙些啥，但那边的碎纸屑令他折服，"涌出来的纸屑就像尘土飞扬"。

2015年，国家野生动物撞击数据库总结了25年来民用飞机和野生动物的碰撞数据。这份报告是按物种归类的[①]：相撞次数，飞机损害总价，以及死伤人数。鸟类要引起FAA（大概还有FBI，谁知道呢）兴趣的方式大致有两种：体重够大和成群结队。

鉴于红头美洲秃鹫[②]的体形，它们在"令人担忧的鸟类"名单中位居前列：已致使18人受伤，1人死亡，在51%的案例中都对飞机造成严重损害。相比之下，另有27次记录在案的雏鹰撞机事件都没有造成明显的机身损害。

喷气式飞机的发动机都要经过"吸鸟"测试，但测试中使用的鸟类仅重2磅，红头美洲秃鹫的平均体重为3磅。特拉维斯给我发了一个短视频的链接，拍的是一次测试，调慢速度，你便能看清风扇式喷气发动机的叶片像切肉饼那样把一只鸟切成片的全过程。换作秃鹫或鹈鹕那样大的鸟，叶片本身也可能最终碎成残片。

[①] 怎能识别撞上飞机前锥或穿过喷气式发动机旋转叶片的鸟属于什么种类呢？法医鸟类学！把羽毛、羽绒、喙、爪以及（如果有的话）从机身上刮下的残损组织全部收集起来，运到史密森尼学会的鸟羽鉴定实验室。美国邮政系统很乐意运送"鸟撞残骸"。看过官网后，我知道他们还能运送完好无损的活体动物——包括水蛭、金鱼、蝎子（需要双层容器）、小于25磅的鸟类和"无害的小型冷血动物"，至少雇用了一次人工，与我在本地邮局交接。

[②] 在此澄清一下，秃鹫（turkey vulture）的名字里有火鸡一词，但它们绝非火鸡。不过，火鸡也确实撞过飞机——但是是野生的。超市里卖的火鸡从未撞过飞机，但它们进过飞机——被发射到喷气飞机的各个部件上，以测试机体抵御鸟撞的能力——我不是开玩笑，这是真的。发射火鸡的装置称作"鸡枪"。

万一叶片的碎片撞上了精心校准的发动机部件，那就可能造成灾难性的后果。

特拉维斯还用电邮给我发来了机场塔台的监控录像带，拍下了鸟撞波音757的瞬间，那是他给机场生物学家培训时用的资料片。你会看到一只鸟——看不出是什么鸟，说真的，就只是屏幕上的一个小黑点——在飞机起飞时消失在引擎口，几乎就在同时，引擎后面爆出了一团火焰。萦绕不去的是现场的声音，你会听到飞行员在呼喊："求救，求救，求救"，而背景中的鸟鸣声——那通常会让人感觉欢快的声音——现在却显得阴险。

最有可能是椋鸟——在美国最常撞到飞机的六种鸟之一。为了迷惑飞翔的捕食者，椋鸟时常飞出变幻莫测的巨大形状，亦即"鸟阵"，它们会突然急转，分形，眨眼间又再次聚合，所有这些动作都不带预示，看起来也没什么原因。喷气式发动机敞着大嘴飞过时，肯定会吞下几只椋鸟。它们就像空中的磷虾。

最坏的情况莫过于大鸟成群结队地飞。所以也就不奇怪了——曾有一群加拿大鹅把切斯利·B.萨利·博格机长的飞机撞进了哈德逊河，每只引擎里都塞进了一两只鹅[1]。

在不同时期，特拉维斯·德沃特的野生动物撞击研究聚焦于不同的动物：秃鹫、黑鹂、加拿大鹅，但今晚他要收集的数据来自于一种更危险的生物——FAA视其为"对美国民用飞机危害最大的野生动物"——白尾鹿。

---

[1] 译者注：即根据萨利·博格 2009 年出版的回忆录《最高职责》改编的电影《萨利机长》讲述的真实故事，由克林·伊斯威特执导，陶德·柯马尔兹基编剧，汤姆·汉克斯主演，2016 年上映。

从1990年到2009年，国家野生动物撞击数据库记录了879起白尾鹿撞飞机的事件。这些相撞事故共导致26人受伤，相比别的野生动物，造成的平均损失成本高达6倍。只有加拿大鹅、红尾鹰和鹈鹕造成的飞行死亡事件比白尾鹿多。鹿会在飞机降落、起飞和滑行时与飞机相撞，显而易见，不会有鹿在巡航高度上撞机，但人们不太能想见的是——曾有两只鹿撞上了停在停机坪的飞机。

白尾鹿的体重是秃鹫的30倍，而且是成群结队出动的，对飞机和路上的车辆来说，这无异于双重打击。特拉维斯最近的研究重点在于：道路和停机坪上的动物常常不及时避让，哪怕明明有充足的时间，它们就是不走。既然我们会问出这个问题，就不能听之任之，所以他要寻求解答。为什么你们这些鹿就傻傻地站在车灯前不挪一步呢？我们怎样才能帮到你们呢？那么大的飞机停在那儿，你们怎么会没看到呢？

特拉维斯开车，载我在六千多英亩的梅溪林地里转悠。野生动物生物学家在航天总部担任导览。看到上面白头鹰的鸟巢了吗？这也是采蘑菇的好地方，那座建筑有些大型供暖设备，又有一个鸟巢。根据鹿的行为，你就能看出哪些建筑是少有人用的。六七头鹿正在极超音速隧道区的草坪上闲逛，俨如参加婚宴的嘉宾，细嚼慢咽，闲步悠行。它们也像里程标，隔一段路就成群结队地出现在道路两旁。最初的几分钟里，我不顾安全带勒着，倾身凑上车窗，惊叹着说，"这儿有一只！"过了一会儿，特拉维斯转向我说道，"你家住的那片儿看不到鹿吧，玛丽？"

在特拉维斯住的这地方能看到好多好多鹿，但他没看到自己的车撞到的那一头。这种情况经常发生，"你撞到的是跟在后头的那头鹿。"他解释道。你刹车,眼睛看着一头鹿,以免撞上它。"然后你加速,下一头就蹿上来了。"

天黑时分,我们要和特拉维斯的研究伙伴汤姆·西曼斯碰头,搜集数据。我把他们那个项目叫作"车头灯下的鹿"。

现在已接近黄昏,根据特拉维斯和4位同事合著的论文来看,这是一天当中鹿车相撞发生率最高的时段,比夜间高出3倍。鹿是晨昏性动物(crepuscular),这个词本来用于皮肤病学,现在通指"在黎明和黄昏时段较为活跃"。11月也是驾驶风险最高的时段,因为鹿从那时开始发情和繁殖。鹿一心想要繁衍后代,却丝毫没注意到阻碍其基因顺利传递的最嚣张的障碍物——人类的交通。

我们一路都能看到鹿,黄昏是一个原因,另一个原因在于梅溪有很多鹿,鹿和常驻此地的工作人员的数量之比是10∶1。此外,穿过树林的道路在鹿看来特别有吸引力,食物就在路边旺盛生长,而且没有大树,算是林间空地,就算天敌偷偷摸摸地靠近,也很难不被它们注意到。鸟类要捕食飞来飞去的昆虫,对它们来说,道路附近的开阔空间也很有吸引力,更容易看清猎物的闪转腾挪。被撞倒的动物会引来食腐动物,路毙会招来清道夫。(为了预防再有秃鹫撞机惨案,肯尼迪航天中心的工作人员组成了一支"清路小队",在发射前的几天里以超乎寻常的速度清理路上的动物尸体。)从最简单的层面上说,动物选择道路的原因与人类一样:图个轻松。

在梅溪开车有低速限制,这有助于保持野生动物的种群繁荣。只要车速不超过自然掠食者的速度,哪怕司机不刹车,猎物通常都能及时避开。猎物会保有一种空间上的安全边际感。它们能靠视觉直观感受到自己与猎捕者之间的距离，而且，它们还有一种难以解释的感知能力——知道自己来得及起飞前，能让猎捕者靠得多近。这个距离叫作"惊飞距离"（或称FID），会根据环境的不同情况或缩小或加长。假如野生动物或鸟类正在吃些营养丰富的好东西，它们就可能等到最后一刻——FID逼近最小值——再放弃盛宴。假如猎捕者是以奔跑的方式向它们袭来，其速度也会被纳入考虑范围，它们会在猎捕者距离尚远时就起飞。它们好像总能正确预判出能够安全逃脱的距离。除非，向它们扑来的东西自带发动机。

哺乳动物和鸟类将迎面而来的汽车视为掠食者，这是自然而然的反应。在拥挤的城市道路上，它们的逃脱算法可以运作良好——你可以尝试一下，几乎可以肯定，你连一只鸽子都撞不到——但在高速公路或乡间大道上，它们的判断力就会失效。因为，哪个掠食者会以60英里的时速向你冲来？从进化的角度来说，这是新状况。"高速汽车存在至今只有一百年，"特拉维斯边说边把遮阳板翻下来，我们正对着夕阳，"在进化的历史里，这点时间根本不算什么。"

特拉维斯推测，这一点能够解释野生动物那种令人费解的无能感：面对本该很容易避开的东西——"一辆嘈杂的大车沿着清晰的路径行驶"——却偏偏不避。进化还没有时间来升级处理器。判断速度需要感知并解读"渐近"的东西——根据某物向你迫近时的尺寸如何快速增长，判断出它的速度有多快。速度越快，就越难靠视觉推断迫近物的进程。有些研究鸽子的科学家将其命名为"渐近敏感神经元"，而野生动物们的这部分神经元现已超载。

特拉维斯和汤姆花了相当多的时间来研究这个问题。他俩最初的研究模式是很直接的："我们开车，直接冲向秃鹫……"吸引那些秃鹫的是一只死浣熊，他们把尸体固定在厚重的金属板上，以免那些大鸟把它从路上拖走，挪到更轻松的就餐环境里去。他们开的那辆车是福特F-250皮卡，没踩刹车，以3种恒定速度行驶，时速分别是19英里、37英里和56英里。测量惊飞距离的方法很简单：将一只豆袋扔出车窗，任其掉落在沥青路面上，以标记秃鹫开始撤离的时间点，再测量豆袋和浣熊尸体之间的距离。时速37英里时的FID与时速56英里时的FID没有明显区别，这表明某种非天然的快速"掠食者"会让猎物的感官和认知能力过载，正如特拉维斯和汤姆预计的那样。

他们没有撞到秃鹫，虽然在最快的速度时有过几次险情。为了看清在更快的速度下会发生什么状况，特拉维斯和汤姆捣鼓出了视频卡车策略。他们选择了牛鹂，因为它们在这里很常见，而且适应力很强，把它们安置在一只宽敞的笼子里（不用担心，做完实验就放了它们）。笼子内部的一面墙改装成屏幕，研究人员能在屏幕上播放视频：一辆卡车径直驶向放置在道路中间的摄像机。他们发现，不管卡车的速度如何，只要车开到大约100英尺远时，牛鹂就会飞起来。时速达到大约75英里时，它们仍有充足的时间飞离、躲避。

汤姆和特拉维斯充分利用了倍速视频播放的魔法，将视频里的车加速到时速224英里——差不多就是飞机起飞时的速度。因为这项研究的真正目的是增强飞行安全性，预防飞机损害。如果能找出良策防止每年数以亿计①的小动物路毙于美国道路，固然是极好的，但这并非这项实验的宗旨所在。

面对那辆和飞机一样快的卡车，笼子里的每一只牛鹂都会沦为国家野生动物撞击数据库中的一个统计数字。

研究乱穿马路的行人会得出类似的结论，大部分决策都基于汽车离我们有多远，我们并不善于将速度纳入考虑范畴。实验证据表明，人类要到成年时，渐进感知力才能达到熟练程度。一个年幼的孩子在路边，一辆车的时速超过20英里，用欧洲心理学家的话来说，这两者的组合就很容易导致"不明智地过马路"，因而，很有必要谨慎地设置提醒"儿童慢行"的路标。不仅仅因为孩子们过马路时不会留意看车，还因为他们看了也等于没看到。

假如一只动物面临被捕食的命运，那对它来说，逃跑是唯一的选择。千百年来，哺乳动物都在依赖那些能延长寿命的多样化特征和行为，因为只有活得足够长，它们才能增加传续基因的概率。臭鼬会喷出恶臭的气味，豪猪把飞镖披挂在身。当"掠食者"是一辆高速行驶的机动车时，这些生存策略或是完全失效，或是运作不良，结局之悲惨不一而足。乌龟会停下它的脚步（也迫使你停下），把头缩进它的壳里；鹿可能会在树丛间僵立不动，不想被发现；松鼠和兔子会东蹿西跳、半路掉头跑过街道。假如要处决你的

---

① 真实数量可能更多。路毙动物的数据会被低估，主要是因为食腐动物会在第一时间到达现场，吃掉证据，堪比清道夫。根据莫哈韦沙漠的一项调查，被车碾死在公路中心线的乌龟在 21 小时内就只剩下了零星碎片和"距离撞击点 8 米的两条干枯的残肢"。在撞击后的第 92 小时，这只乌龟就只是"褪色的污点"了。

是一只鹰，并且已经计算出它的路径和你的路径之间可能存在的交叉点，突然改变路线大概能救你一命。然而，假如杀手是贴地疾行的通勤车，就算它极力避免撞到你也常常事与愿违。

善良的人类司机看到松鼠、臭鼬（以及小猫小狗）时会急转方向盘，会踩刹车，但假如自动驾驶汽车有朝一日掌控了道路，它们的小命可能就都保不住了。根据冷酷的（人类）生存法则，司机不那样做反而更安全。据美国疾控中心估计，每年约有1万人因为不想撞到动物并避让而受伤。因撞上动物而受伤的人数只比这个数字多了2 000而已。2005年，公路安全保险协会（IIHS）分析了147起车辆与动物相撞且致（人）命事件，其中77%都是撞到了鹿。撞到鹿的那一瞬间几乎不会令人死亡，甚至很少受伤、致死，几乎总是因为驾驶者试图避开动物——司机或摩托车一刹车，车就打滑，冲出路面，或是撞上比鹿更坚硬的东西。

有8起事件属于特殊情况，其中之一是撞到了一匹马，另外7起都是撞到了体形很大的鹿，它们撞穿了车的挡风玻璃。体形越高大，越像马路杀手，因为现在的汽车前端撞上的都是动物的腿，而非躯干。腿脚从下方被撞断后，躯干和头部就会失去重心，在引擎盖上倾斜，打着转儿撞向挡风玻璃，如果那头动物够高，甚至会撞倒在车顶上。因此，沃尔沃配有"LADS"——大型动物探测系统，但没有针对小型动物的"SADS"。"摄像头会去搜索特定的体形特征，"沃尔沃公司的一位公关经理在电邮中写道，"庞大的身体和四条非常细长的腿。"他举例说的是麋鹿。

为了完成1986年的一篇硕士论文，一组瑞典生物工程专业的学生排演了麋鹿撞车的戏码，并以高速拍摄，以便用慢动作研究撞击及其后果。这是为了在生物力学层面提供更细微的观察和见解，以便更透彻地了解这类往往造成毁灭性后果的相撞事件，再加以利用，开发出麋鹿撞车测试用的模拟假人。实验人员选中一只病弱的公麋鹿，"执行安乐死后，立刻让一辆沃尔沃240以50英里的时速撞上它"。这些措辞吸引了我的注意力，显然，沃尔沃240这种车可以将时速迅速地从0加速到50英里，以便足以在麋鹿咽气后、四肢瘫软前那一眨眼间撞上它。因为你总不能将一具鹿尸挂在架子上让车撞吧——那样的话，论文的作者们想要研究的细节就无从论断，那头麋鹿也就完不成既定任务了。

无论如何，且看那部短片揭示了什么内容吧。如果乘客被抛向前方时车顶被撞坍——我先引用麋鹿撞车测试用假人的瑞典设计师马格努斯·根斯的婉转措辞——"碎裂的钢铁会干扰头部移动的路径。"再容我引用《麋鹿及其他大型野生动物撞车分析》中不太婉转的措辞，"轴向压力……会导致碎骨被挤入脊管"。麋鹿压在司机头上，会压碎颈椎，锋利的碎片会划伤脊柱神经，导致完全或部分的瘫痪。此外，还有些揪心但常见的后果：脸部骨骼断裂，撞到碎裂的挡风玻璃导致的撕裂伤，伤口会被碎片、毛发、内脏和粪便感染。最后一种可能是：假设你和麋鹿双双幸存于这次相撞事故，那么，会有一只四脚乱踢的麋鹿躺在你腿上。

更糟糕的是，麋鹿有大长腿，致使它的眼睛可能高于车头灯的照射范围，因而无法帮助司机在黑暗中看到眼珠的反光。（说实话，麋鹿眼里的反光膜是为了增强它们的视力，而不是为了帮助我们而存在的。反光膜能将光线再次反弹到视网膜，以此增强哺乳动物在弱光条件下的视力。）

如果你打算驱车驶入遥远的北方地带，那儿有高大的有蹄类动物出没并可能冲向道路，大概应考虑选用萨博或沃尔沃，因为这两个品牌的车依据马格努斯·根斯的麋鹿撞车测试模型的重要研究结果设计，并加固了几根车顶梁和挡风玻璃。马格努斯得到了瑞典国家道路和运输研究所的资助，此后不久，该研究所又收到了一次申请——要求资助骆驼撞车测试模型。

骆驼比麋鹿更高、更重，甚至可以说比麋鹿更致命。大部分车顶都会直接压坍在司机的头上。如果他们俯身或侧身，以躲避疾飞而来的骆驼，被撞断的就可能是他们的背部，而不是颈部。一份研究报告中提到，在16起发生在沙特的骆驼撞车事件中，有9人最终四肢瘫痪。在高速公路的某些路段，骆驼的密度曾高达每英里19只。那些骆驼都不是野生的，但它们的主人常常任由它们四处转悠。曾几何时，他们甚至常撺掇它们闲逛，因为沙特法律曾一度规定，若发生相撞，司机应赔偿骆驼主人的损失，这个规定直到近期才有所更改。利雅德军医院的神经科学小组曾提交报告："众所周知，有些骆驼主会在太阳落山后将他们的骆驼推上高速公路，等到发生撞车事故后就索要赔偿。"

小结一下：不要为了一只小动物急刹车或过度转向，不管那只生物有多么可爱。在空荡荡的沙漠公路上，你可以为了一头骆驼转向、刹车，乃至冲出道路，因为除了沙子你也撞不到别的东西。千万不要在麋鹿出没的区域高速行驶。至于鹿，我就不知道该怎么说了。IIHS的研究表明，只有当你确认有安全空间的前提下才能为了避让鹿而刹车或转向，但千万不要过度，以免打滑或失控，因为鹿与车相撞后，受伤的通常必定是鹿，不一定是人。还有别的选择吗? 索性撞上它们? 谁会这么做? 正常人都会踩刹车。如果刹车踩得很用力,车头就会压下去,撞击点就会较低,也许是在鹿腿的位置,因而导致更大体积的躯干部分转向挡风玻璃的方向。后面的车还可能追尾,撞到你的车屁股。所以,理性的人类究竟该怎么做?

让我们去问问史上最理性的司机:自动驾驶汽车。是不是只有在确保后方没有追尾可能的前提下,它才会踩刹车? 是不是只有在路上没车的情况下,它才会转向? 这两个前提若有缺失,它会直接撞向一头小猎犬或臭鼬吗? 我把这些问题抛给了谷歌自动驾驶子公司(Waymo)媒体联络员,但她拒绝与我联络。我没有得到答案,也没人可以采访。很快,她就彻底不再回复我的邮件了。就在我们僵持的那阵子,有一辆Uber的自动驾驶汽车以43英里的时速撞上了亚利桑那州的一名行人,没有刹车,也没有转向。就当她是只松鼠。看起来,他们也没有答案。

2012年,有个名叫唐娜的北达科他州女子拨通了晨间谈话广播节目的电话,讲述了一直困扰她的一件事,希望引起大家的注意。她经历过3次车祸,都是因为撞到了鹿,而且,每一次都发生在繁忙路段有"小心鹿穿行"的警示标志附近。"这是为什么呢?"她用哀叹的口吻问道:"我们为什么要鼓励鹿在车这么多的路段穿行呢?"后来,这段录音在互联网上收获了一百万点击率,她说完后是一阵短暂的沉默,之后,有位主持人才试探性地问道,"你是不是认为,'小心鹿穿行'的标志是在告诉鹿过马路要往哪儿走?"这位主持人特别好,尽可能地向她解释:这些警示路标是给我们这些开车的人看的,为了提示我们减速。

也可能是对鹿说的。人类司机看到警示有鹿穿行的标志后并不会减速。美国统一交通标志W11-3版，亦即标准的黄底黑字菱形标牌，没有减速功能；会闪烁的花哨鹿警告标志，包括"依次激活，给人以公鹿奔跑印象"的3只鹿形霓虹灯，也起不到减速效果。我挺熟悉这种灯的，因为我以前会去旧金山的一家比萨店吃饭，对面有一家脱衣舞厅，舞厅前的霓虹灯招牌就用了这套技术：一个丰满的裸体女人，一连跳出三个动作，反复循环。我敢打赌，男士司机会为了看她而减速。

如果司机能看到一些货真价实的危险证据，警告标志的效果会稍好一点。这一点得到了某位研究人员的证实，他在每周二的黄昏时分，将一只鹿的尸体拖到警示鹿出没的闪烁标牌边几英尺远的地方，没人知道他这样做持续了多少个星期。平均时速降低了7英里。同样，将一只"逼真的鹿标本"摆在离公路不远的灌木丛中，靠近闪烁的霓虹灯，灯上注明"灯光闪烁时有鹿通过"，可使得平均时速降低12英里。

司机放慢车速，真的是因为他们误以为那是真鹿，并意识到了鹿带来的危险？还是为了目不转睛地盯着鹿尸看？或是——这个想法很别致——以为杂草丛中有堪称奇观的动物标本博物馆？要我猜，十有八九是为了看标本。司机们就是这么做的，松开油门，伸长脖子去张望，就想看个究竟：那只鹿到底是真是假？谁不会减速呢？也许，可以把它扔到卡车后车厢里去？靠边停，杰布（Jeb），有人把一整只鹿连底座搁在路边了。好了，现在你需要"小心杰布穿行"的路标了。

不管怎么说，这传达了一种实测有效的概念：警示装置宜与危险品搭配使用，哪怕是间歇性地用一下也管用。除非周围有活生生的鹿，否则提了鹿也是白提。最佳解决方案当属太阳能自动感应器发出信号、激活警示系统，比如说，只有当某个高度与鹿差不多的东西干扰到道路附近的雷达、激光或微波束时，警示标牌才会亮起来。

那么，为什么哪儿都看不到这种警示系统呢？答案也许就在蒙大拿州立大学西部交通研究所的悲惨故事里。2005年，他们在黄石国家公园试用了这种系统。谁知道，施工单位不了解国家公园的规章和某些法规，不知道在路边能不能竖起相关设备。这套系统需要在每一英里竖起18根杆子，这数量太多了，而且，杆子必须是木头的，不能是金属的，也不能是花里胡哨的颜色。除了软件问题，还有硬件故障、预算问题、表层土问题、信号故障、误报警示、漏报警示。误报的警示很多。司机们得到的警示说有一只鹿藏在路边，其实是天在下雪。或是有一辆车刚好停在路肩。或是有植物在移动。小心！马利筋（Milkweed）在风中飘荡！

如果险情只会伤害到动物，而非司机或汽车，那就别折腾了。2009年，国家公园管理局决定在莫哈韦国家保护区的两段公路上安装闪光灯和"小心乌龟"的警示标牌，想看看用这种办法能不能拯救濒危的乌龟。他们在路边不远处安置了一只沙漠陆龟的模型。然后，他们躲在附近，观察司机们会不会减速、刹车，甚至伸长脖子张望——那表明他们确实在察看有没有乌龟。结果是完全没有这些迹象。

如果能像唐娜以为的那样就好了——索性与动物沟通，别再提示人类了。针对鹿，人们已尝试了各种方法，结果都很令人失望：安装在保险杠上的鹿哨没啥用，路边的驱鹿灯也没啥用。沿着公路安装斜角反射器好像有点用，因为反射器能以改变驶来的车头灯的光束方向，从而提高"有蹄类动物"对"汽车正在靠近"的认知。最近，怀俄明州的一项研究得到了意外的收获，有些成果看起来很有前途，但收获并不来自于他们测试的反射器，而是用白色帆布包裹反射器的调控装置起到了意想不到的作用。研究人员推测，让鹿有所警觉的可能是白色的布袋，恰如它们对同伴白色的屁股和尾底有所反应那样。受惊的白尾鹿会用甩尾的方式——翘起尾巴，闪现白色——向同伴传递警报。

对此，我持怀疑态度，只因我看过宾夕法尼亚州立大学研究人员1978年的一篇论文，为了驱逐白尾鹿，他们试图在路边竖立有鹿的甩尾剪影的胶合板。有些翘起的尾巴被涂成了白色；有些板子上还钉过真的鹿尾。可悲的是这一切努力都没有起效，因为，谁想看到我们国家的公路边一溜儿胶合板，上面尽是鹿屁股和腐烂的尾巴呢。

怀俄明州的研究小组还做出一种推断：使用帆布袋后的相撞死亡率较低的原因还在于司机会放慢车速，因为他们想把袋子看清楚。对此，我表示赞同。慢点慢点，杰布，棍子上白白的是啥玩意儿？

让我们暂且回到唐娜的话题上去。事实上，你真的可以把鹿引到你想让它们过马路的地方——不是用"小心鹿穿行"的警示牌，而是专给野生动物用的天桥。如果天桥两边还附有围栏，就基本能确保将野生动物引导到安全的穿行点。难就难在过街天桥和围栏的成本很高，而且，在最需要天桥的地方可能恰恰无法安装。而且，在美国的数个地区，在一年中的数个时段，白尾鹿几乎到处都是，总不见得到处设立天桥吧。（给野生动物用的天桥和地下通道往往会用于为了繁殖或觅食而大规模迁徙的物种，或是基因健康因生活场域被公路分割而受到威胁的种群。）

鹿和车灯之间也有麻烦。天黑的情况下，鹿未必能把小灯和灯光后面的大车联系起来。就算它们能想到这种关联，一对急速迫近的汽车大灯也几乎传达不出什么有用的信息。点状灯光的"渐进"是很难用肉眼辨清的，所以，灯光的迫近感并不明显，据此判断速度有多快就更不现实了。特拉维斯和汤姆一直在测试能够照亮车辆格栅的后置灯条，可能对此会有帮助。现在，鹿能看出来确实有个很大的东西在向它们冲来，那就但愿它们能更快、更踏实地避开这条车道。现在天已经黑了，我们该出发了：去梅溪的小路上收集一些数据。我们打算比较一下有无辅助灯光的情况下，惊飞距离（FID）和（鹿在车灯照射下）僵立不动的反应有何变化。

梅溪的主停车场正对一片玉米田，收割后只剩残茬，在我眼里，那种覆着雪、死气沉沉、干燥的褐色就是俄亥俄州冬天的标准色。汤姆蹲在地上，把钻台固定在特拉维斯的卡车前方。他抬起头来："你听到山鹬的声音了吗？"我以为自己听到的"嗡嗡"声是昆虫叫，原来是雄山鹬跳求偶舞时发出的声响。汤姆既喜欢野生动物，又喜欢捕猎，这种乡间生活的悖论是我永远无法掌握的。

两个男人搞定设备时，我拿着他们的测距仪，向田野里的一群鹿走去。测距仪是一种激光卷尺，将光束对准一个物体，读数就会精准地告诉你它有多远。据我估计，这些鹿的FID大约是300英尺。它们很警觉，也有充分的理由保持警觉。在这里使用测距仪的大多是猎人，为了瞄准远处的目标时测算子弹下降补偿值。

特拉维斯喊了一嗓子，告诉我要出发了。我这才放弃骚扰鹿群，朝卡车走去。

后面的路上鲜有路灯，因此很难看到远处的鹿。我们要靠前视红外热感应系统（FLIR）去看它们。红外热感应系统根据相对温度来展现世界，显示器被安装在仪表盘上。颗粒状的图像呈现出不同等级的灰色，有点像炭笔画。雪堆是黑色的。路边荆棘丛中的臭鼬和浣熊发出诡异的白光，看上去像是用老式野营灯笼中那种奇怪的灯丝做出来的。在炎热的夏夜，哺乳动物的体温可能与沥青的温度差不多，特拉维斯和汤姆就会看不到站在20英尺外的马路中央的鹿。

"瞧……"汤姆指向一片暗处。在FLIR显示屏上，第一个测试对象出现在道路右侧的荒地上，在我们前方几百英尺的位置。特拉维斯加速，保持37英里的时速。汤姆把胳膊垂在副驾座车窗外，眼睛盯着FLIR显示屏看。他的手里拿着一小袋用反光带包好的小石头。鹿一转身向树林走去，汤姆就抛下石袋。几秒后，卡车开到了鹿刚刚转身逃逸的地方，停了下来。汤姆拿着测距仪下车，等着特拉维斯和我退回他扔下碎石袋的地方。接着，他把测距仪对准我们。测距仪给出的数字就是这只鹿的FID。

在此我要快进一下，因为我太想把特拉维斯和汤姆的成果告诉大家了。格栅光设备发挥了作用，他们正在申请专利，国家野生动物研究中心正在寻找合作伙伴，以求生产和销售这项技术成果。虽然鹿的FID没有明显的不同，但加装了后向灯照设备后，鹿在车灯前僵立不动的现象大幅度减少了，效果惊人。使用这个设备时，只有一头鹿僵在原地没动，而没用这个设备时，同一辆卡车的车灯前僵立过10头鹿。

回到车内，汤姆填写了一份数据表。我看着FLIR屏幕。一只郊狼如幽灵般在树林中走动。它停下来，看了看我们，继续前行。远处的一道安全门俨如由雪人看守着。通过热能来观察能让我们明白这项工作的某些要义：总有别的方法让你去感知这个世界。如果你想向动物传达什么信息，或许你需要翻译，才能让它们明白。

比如说：特拉维斯和汤姆照在车前格栅的光偏重蓝光和紫外线，因为那是鹿看得最清楚的光谱段落——远比我们看得清楚。有位研究者向我详细解释过鹿的视觉，他叫布拉德利·科恩，是田纳西科技大学野生动物生物学的助理教授。他说："黄昏，鹿最活跃的时候，紫外线就是它们最好用的光线。"我们在一片昏暗中很难看清细节，鹿却能在明亮的蓝色中看得清清楚楚。我们的黄昏就是它们的正午。

那些声称能让你的"白衣更白、彩衣更彩"的洗衣剂也对鹿有所贡献。制造商们在这些洗衣剂里添加了一种光学增白剂，在紫外光谱里会发光。我们是看不到的，增白剂没有增加任何肉眼可见的颜色。但在鹿看来，用科恩的话来说，我们的衣服都是"发光的"。用超亮洗衣剂洗迷彩裤的猎人们，你们这下糗大了。

不管鹿在光谱的紫外线这一端有何优势，到了光谱的另一端就没戏唱了。在鹿看来，红色和橙色都是无色的。橙色就是另一种黑色。所以，号称安全系数更高的橙色或红色的狩猎夹克虽然能让猎人鹤立鸡群，脱颖而出，但在鹿看来，这些夹克比店里卖的现成的迷彩服更迷彩。

关于鹿的视觉，还有一个非同寻常的特点值得一提。鹿的感光细胞集中在眼睛的水平中线上，亦即"视觉带"，也就是说，它们在条带状、横贯视野的区域看得最清楚，不像我们的视敏度在中心点最强。这就好比你用余光去看书。诚然，鹿不读书，但这种视觉机制有助于它们及早发现试图偷袭的掠食者。

有些鸟类也有视觉带，这对捕猎和飞行都很有用。拥有视觉带的迁徙鸟类可以在不移动眼睛或头部的情况下观察到整条地平线上的动态。

汤姆·西曼斯做过大量鸟类研究，他没有研究鸟的视野，反而让它们看了些奇怪的东西。

第 11 章　为了吓跑一个贼
　　　　惊吓装置秘籍大公开

汤姆·西曼斯在梅溪站工作已有31年。他的一头白发恰似鹿的白尾色，他说话轻声细语，态度亲和。我在梅溪的时候没给他拍照，几个月后，我的大脑自动产生联想，他的形象就演变为身穿棕褐色夹棉猎装的奥维尔·雷登巴赫[1]了。汤姆是毕业于康奈尔大学的野生动物生物学家，还是一位天生的工匠。他和特拉维斯共用一个工作室，他们在那儿度过了许多心满意足的好时光。他们收好灯光设备、关门收摊时，我一直在东张西望。从许多方面讲，这个工坊很典型，而在一些方面又完全不是。

在这儿，浣熊尿的用途就和平常不一样。汤姆和一位同事一直在测试椋鸟驱逐剂的配方。他们把浣熊尿灌进空的处方药瓶，在瓶盖上戳出小孔，再把瓶子粘在椋鸟巢箱的底板上，很像自动空气清新剂[2]释放出的超级噩梦。椋鸟是巢穴鸟类，对它们来说，喷气式发动机的整流罩堪称舒适的后现代风格小屋——当然是在点火发动的悲剧爆发之前。椋鸟可以在两小时内造出巢穴，换言之，它们很可能在飞行前的例行检查和起飞之间的空当快手快脚地组建出一个小家。这对房客来说是个坏消息，对房东来说也很糟心。

鸟类威慑研究在国家野生动物研究中心的梅溪分部已有悠久

---

① 译者注：Orville Redenbacher（1907—1995），美国食品科学家，拥有自主品牌的爆玉米花。

② 为了确定驱逐椋鸟的是尿液的气味——预示有掠食者存在，而非气味本身的异物感，该小组还测试了含有地地道道的"异物"的小瓶：里面装了风倍清牌（Febreze）特强衣物清新剂。科学证据会告诉你，椋鸟对风倍清牌特强衣物清新剂和浣熊尿的反应是一样的。这两种气味都没啥用。

的历史。1990 年以前，研究重点在于让鸟类远离农场里的农作物，而不是让野生动物远离飞机和汽车。西曼斯是 1987 年被聘任职的，当时的工作重心是黑鹂和玉米[①]。把鸟吓跑是一门古老的艺术，汤姆在这方面的学识堪称渊博。他测试了几十种在人类与野生动物冲突领域被统称为"威吓装置"的东西。大部分都只能暂时性地吓一吓它们。把鸟吓跑很容易，但要让它们始终保持距离就困难多了。生物习性使然，它们会习惯曾经惊到它们的声音或景象，习惯了之后就知道你不过是在虚张声势。

最没用的——或者说效用最短暂的做法——是用固定的掠食者假象去诱骗鸟类。你可以在互联网上看到许许多多这样的照片：鸽子停在角鸮复制品上栖息，加拿大鹅在玻璃纤维做的假郊狼的阴影下休息。事实上，最经典的玉米田稻草人反而可能把鸟吸引来，因为它们知道可以把稻草人和食物关联起来了。对一群迁徙中的黑鹂来说，稻草人就是公路边的金拱门：连锁快餐店最显眼的招牌，停好车吃一顿肥美大餐的好理由。

早在 1981 年，人类与野生动物冲突研究者、作家迈克尔·康诺弗就测试了一系列超现实风格的猛禽诱骗术。将博物馆里的纹腹鹰和苍鹰的标本搬到喂食站，看它们能在多长时间内阻止 10 种小鸟靠近——它们都是鹰类的猎物。答案是 5～8 小时，不过如此。

要让鸟类产生持久的恐惧，就得让它们看到或听到一些后果。

---

① 1965 年，有一群玉米种植者自主成立了"再见黑鹂协会"，NWRC 桑达斯基分部就是靠他们的游说而成立的。这个名字在俄亥俄州乡间很好用，但在国会山就叫不响了，于是"再见黑鹂协会"于 1967 年弃用了调侃意味过重的名号，改称为"俄亥俄州掠夺性鸟类控制协调委员会"。

在后续研究中，康诺弗添加了抓捕椋鸟的实际景象，时不时配以真实音效，让威吓椋鸟的猫头鹰模型更有用。有些录音带里有椋鸟求救的凄惨叫声，有些录影带显示了真实的捕猎景象。要点之一是，"把死椋鸟拴在模型上的效果差，拴上活的椋鸟效果要好得多"。所以，这办法不具可行性，除非你想被PETA（善待动物组织）抓个现行。此外，某些物种的凄惨叫声并不是为了驱赶同类，而是为了吸引伴侣来营救自己，哪怕那些鸟帮不上忙，只能在一旁呆呆地看。

一只死鸟就会产生奇特的效果，但这取决于你想驱散哪种鸟。前提是你要正确安置死鸟的姿态。引用NWRC颁布的《使用拟像驱散损害性秃鹰巢栖的指导手册》的话来说就是："备用拟像的鸟姿应类似于脚被吊起的死鸟，下垂的单翅或双翅保持伸展的姿势。"撰写这份拟像操作手册的两位研究人员是NWRC佛罗里达野外站的麦克·艾弗里（已退休）和约翰·汉弗莱，我和他们聊了聊。在2002年的一项研究中，他们和另一位同事在六座通信塔上安装了秃鹫尸体或标本，并记录了效果。秃鹫喜欢在这类有开放性框架的塔上栖息，其黏滑、刺鼻的排泄物让登塔工作的维修人员感到很恶心，而且很危险。挂上拟像的九天内，栖息的秃鹫数量就减少了93%~100%。取下拟像（或腐烂）后的5个月内，这些鸟儿都没再出现。

艾弗里笃信这招管用。"像贴了符一样，立竿见影。"

确实像贴了符，没有巫术以外的理性理由能解释这样做为什么管用。汉弗莱告诉我："有人问起来，我就会老实回答：我们不知道，但如果我走进一个住宅区，看到树上倒挂了一个人，我也会扭头就走。"

艾弗里表示赞同，正如他和同事们在2002年的报告中所写的，"秃鹫认出拟像是死去的同类，因而不想遭受类似的命运，就离开了这地方——这种推测很吸引人"。他抵制了这种诱惑。"但那是一种虚构的、拟人化的猜想。"

的确，汉弗莱也承认："这不是最好的答案。但我只有这么一个答案。"

汤姆·西曼斯的工作间里有一个保持干燥的储藏室，里面就有一个秃鹫的拟像，我们现在就要去观赏一下。这是USDA用过的模型之一，曾用于一些秃鹫损害频现的州。鸟身是用泡沫塑料做的，因为泡沫塑料比鸟的寿命长，但翅膀和尾扇都是真鸟的，因为羽毛似乎是很关键的细节。

考虑到驱散秃鹫巢栖的策略包括向它们开枪，秃鹫拟像显然更可爱一点，哪怕是在死亡主题上做文章，为此，我们应该感谢汤姆·西曼斯。

和世间许多偶然发现一样，这次成功纯属无心插柳。汤姆把装有鸟食袋的架子整理好。"这儿以前有座很大的火箭塔，秃鹫就喜欢待在上面。"1999年，汤姆需要计算12种常撞飞机、会惹出大麻烦的鸟类的平均体密度。（当时他在负责协助设计一款测试喷气机部件用的标准化鸟体模型。）他带着枪走向火箭塔。被打死的秃鹫落下来时，一条腿勾挂在了铁架上，离地约有两百英尺高。"我可不会为了摘一只死鸟而爬上龙门架。"于是，那只鸟就被留在了原处。自此之后，谁也没在那座塔上见过别的秃鹫。

汤姆想知道这种效果能否被复制并得到广泛使用。一开始，他只是试着把鸟尸放在外面。没有任何效果。鸟尸必须被悬挂起来，最好还能打转儿。

他也不知道为什么这样才有效。"我能想出来的原因只有一个：这实在是太不自然了。它们肯定会想：这儿出问题了。"

我们永远无法得知秃鹫是不是这样想，但人类肯定会。大沼泽地国家公园皇家棕榈游客中心的工作人员曾试图用拟像来驱逐黑秃鹫，因为它们总是从附近的栖息地飞来，破坏停车场里的车。游客们钓完一天的鱼回来，会发现挡风玻璃雨刮器上的橡胶片被啄扯坏了，或是天窗周围的密封条被秃鹫剥掉了。为了驱散秃鹫，工作人员在停车场周围的树上挂了些拟像，但随后的每天都要花大把时间向游客们解释它们是派什么用场的，因为游客们被那种景象搅得心神难安。现在，停车场里的大盒子上注明了一句话，"请使用防水布保护您的爱车，以免被秃鹫破坏"。

为什么秃鹫要搞这些破坏？橡胶、密封剂和乙烯基是否会释放出某种腐尸中存在的化学物质？这些物品是否都含有某种吸引它们的化合物？ NWRC佛罗里达野外站的研究人员打算搞清楚这个问题。因为，如果他们知道这种化合物是什么，或是属于哪个化合物种类，就能巧妙挪用，把秃鹫引到别处去，好比用猫抓柱引开小猫，别让它们挠家具。

新项目就这样开启了，从期刊论文的简介来看，NWRC科学家虽古板，但敬业，他们在实验室里扮演了大厨的角色，"用刀片切碎"21件被秃鹫破坏的物件，再加热到131华氏度，再将收集到的蒸气用气相色谱法进行鉴定。这么做是为了找到这些物质共有的化合物。然后，再用海绵吸收这些蒸气，放到秃鹫面前，看它们如何反应。可惜的是化学物质挥发得太快了，研究资金也一样，统统化为虚无。谜团未解，破坏行为也依旧不减。

秃鹫的破坏行为也可能与物材的气味没有关系。针对破坏行为，我最喜欢的一种解释来自于已经退休的猛禽保护生物学家基思·比尔德斯顿。比尔德斯顿在福克兰群岛观察到条纹长腿兀鹰也会这样去撕扯东西，他听说新西兰的山地食肉鹦鹉（甚至会去吃羊尸）也会这样破坏停车场里的车。比尔德斯顿指出，从动物尸体上撕下一大块肉所需的动作和颈部力量，与鸟类扯掉橡胶和密封剂所需的力量差不多。而且，就伸展性和密度而言，腐尸上的肌腱也和橡胶、密封条差不多。他推测，不管手边（确切说是喙边）有什么类似肌腱的东西，秃鹫都会去啄一口、扯几下，以此强健自己的颈部力量，以便到了和其他鸟类争抢腐肉的时候拥有竞争力。换句话说，这是它们的养身健体大法。

汤姆把拟像放回原处，动作几乎称得上轻柔。他喜欢秃鹫，和喜欢山鹬的程度不相上下。"有时候，"他早些时候对我说过，"我就躺在草坪椅上，向后仰着头，看它们盘旋。如果四下安静，你能听到它们掠过的声音。"

汤姆关上工作室的灯，锁上门。"拟像，"他说，"也被我们用于'9·11'搜救现场了。"

双子塔倒塌时，必须在近十亿块碎片中搜寻人体遗骸。这是美国历史上规模最大的一次法医调查任务。最终，来自24家法医机构的上千人找出了两万块人体遗骸。"这个过程要用到园艺耙，大家都手脚并用地趴在地上。"西曼斯和同事们在2004年的一篇论文中这样写道，文章描述了整个搜寻过程。完成这项工作需要一个很大的场地，要偏远一点，但也不能交通不便。他们选择了斯塔滕岛上一个新近关闭、叫作"新鲜杀戮（Fresh Kills）"的垃圾填埋场，这个名字真是绝了，写实得让人无语。

第3天，鸟来了。"我们看（它们）飞下来的样子就能知道哪堆碎片里有较多人体组织，"担任这次行动指挥官的纽约警察局督察员说，"你们必须（与它们）抢夺，争取抢先一步救出人的遗骸。"西曼斯是野生动物管理组的成员，派他们来是为了赶走那些鸟。我请他给我讲讲这段往事。我们坐在FEMA①临时拖车里的米色沙发上聊起来，他和特拉维斯会在这里观看、分析试验用的视频录像。家具都是便宜货，一只能做人类巢穴的大箱子。

"我们会在日出前到那儿，"汤姆回忆说，"试着在它们落地前把它们赶走。我们会在周边绕圈子走，观察天上有哪些鸟打算飞过来，然后发射烟火，不让它们落地。"烟火看起来是爆炸物，听起来像猎枪开火，但其实没有危害。等鸟们习惯了猎枪的声音，管理小组就会动真格儿的：用真枪实弹制造一些"致命的强化措

---

① 译者注：联邦应急管理局（FEMA）拖车是美国政府发放的一种临时性房屋。当受灾地区的居民没有其他解决办法的时候，它们通常被用来安置那些因自然灾害而流离失所的人。

施"①。一只鸟被击中，其他鸟都看在眼里，记在心里，以儆效尤。这一招不漂亮，但很有效。"只有当它们到了完全无视烟火的地步，我们才会放枪。"为时十个月的清查行动中，有数千只鸟飞来又被赶走，但只有23只鸟被射杀。

那23只鸟都被用来制作拟像了。这些拟像在闲散区 —— 鸟类聚集在一起休息、消食的地方 —— 效果很好，反而在搜捕现场不太见效。"因为 ……"汤姆想了想该怎么说，"诱因太强了吧。"

我聊到了秃鹫，以及它们对尸体的那种食尸鬼般的热忱。

"秃鹫？"汤姆说，"那期间我们只见过一只秃鹫。"

那来的都是什么物种呢？我做出了大胆的猜想。来吃尸体的鸟都是银鸥。当然了！海鸥，垃圾填埋场。"新鲜杀戮"还被用作垃圾填埋场时，估计有十万只海鸥在这里清扫残羹剩饭。

碰巧，我的下一程就要去加州圣何塞郊外的一个垃圾填埋场，

---

① 所有关于"致命强化措施"的故事里，我最喜欢的一则涉及"人吓人"，那东西很像你在沿路商业区常见到的引人注目的大招牌：用软绵绵的充气管拼出人形或动物。我说的这个更像是稻草人版本，与商业区的充气招牌不同的是，"人吓人"还会尖叫，而且只会间歇性地充气、膨胀成形，突然吓你一跳。1991年美国农业部做了实验，发现鸟类大约不出一周就会习惯"人吓人"装置。有两位研究员——艾伦·斯蒂克利、小金——做了后续测试，想看看"致命强化措施"能否让这个装置变得更具威慑力。他们穿上黑胶雨衣，坐在备受鸬鹚困扰的养鱼场岸边，一动不动。当"人吓人"装置开始充气时，小金就跳起来，"发出一声尖厉的哀号，上下剧烈晃动身体"，然后向鸬鹚开一枪。真人模拟"人吓人"数小时的记录与斯蒂克利的现场记录搁在一起，都保存在NWRC的档案中。与其说那些鸟更害怕了，不如说更欢乐了。"1992年3月1日14时56分：三只鸟过来了，坐定了看我忙活我的事。"小金觉得无聊，擅离岗位，四处游荡，向鸟群随机开枪。斯蒂克利用厌恶的口吻写道："我提醒他了，我们的目的是让鸟相信'人吓人'会开枪射击。"名字里带"小"的家伙们都不靠谱吗？

有一个人发明了机器人猎鹰，他要在那儿向我展示他的大作。

猎鹰经常捕食鸽子，以及大小和鸽子差不多的鸟类，但海鸥差不多有游隼那么大，也不好惹。很难想象一只猎鹰去捕杀海鸥的场面，或是海鸥害怕猎鹰，或是害怕猎鹰机器人。很快，一切都将揭晓。

机器鸟（RoBird）被暂时性地收纳在尼克·尼杰赫斯租来的汽车后备厢里的铝壳箱子里。机器鸟是尼杰赫斯的发明创造。他的公司总部在荷兰，名叫"清空解决方案（Clear Flight Solutions）"，他特意飞来美国，为潜在客户演示这款产品。不过，首先要看的是一段幻灯片演示。此刻，我们围坐在瓜达卢佩垃圾填埋场办公楼里的会议桌旁。在尼克和别的清空公司员工之间还坐着一位来自空域（Aerium）公司的代表，这家公司提供无人机鸟类驱逐服务，包括使用机器鸟。我坐在桌子的另一端，和穿着日用荧光背心的员工们在一起：垃圾填埋场的运营经理、工程总监和另一个人。我没有拿到他的名片，但后来他告诉我，"我干垃圾填埋这行已有12个年头"。

聆听尼克的一席话，任何人都能很快明白——为什么大鸟小鸟都会避开猎鹰。猎鹰向猎物俯冲时的时速可达200英里。你以为地球上速度最快的动物是猎豹吗？不，是猎鹰！而且，猎鹰一旦飞到猎物前，就能干净利落地完成捕猎，如我记在笔记本上的那样："直接踩下去，一击致命。"是的，它们也会这样对付一只成年的海鸥。

这些超凡追击能力也有缺点：猎鹰并不擅长悠闲地滑行。尼克说了，鹰、老鹰和其他"翅膀很长的鸟类"的翅膀表面积够大，足以让它们在海岸和热气流中滑翔，边飞边猎食。

尼克说了一句话，惊得我下巴都快掉地上了："鸟不喜欢飞。"

此处所谓的"飞"是指那种快节奏拍打翅膀、忙碌不停的飞法。因为很吃力，猎鹰每次只在空中捕食五六分钟，然后就要休息。这就解释了机器鸟的电池寿命为什么只有12分钟——倒也不失为一个好借口。

"12分钟？"有人问道。我也很想问。

"再长就不自然了。"尼克回答。

有同事立刻站起来提议："眼见为实，我们还是去看看机器鸟的能耐吧。"

于是，一行人走到停车场，垃圾填埋场的工作人员向我们分发硬顶的安全帽，让我们到了"倾倒区"后戴上。一车车的垃圾被倒入填埋坑后会被压实，在一天结束时，为了阻止野猪和其他夜间食腐动物来捣乱，他们会用建筑垃圾加以覆盖，那个地方就叫"倾倒区"。刚刚倾倒下来的垃圾正是海鸥们所觊觎的，即使在办公楼附近也总有几只海鸥在上空飞来飞去，它们的影子落在人行道上，也在飞来飞去。

我向运营经理尼尔作了自我介绍。在尼尔的麻烦列表里，海鸥排名靠后。靠前的是那些在填埋场周围的时髦社区里的房地产经纪人，他们对潜在买家说过：这个垃圾填埋场将在两年内关闭。但业主们很快就意识到他们是在忽悠，非常生气，便开始不遗余力地呼吁关闭填埋场。他们抱怨这儿的臭气，抱怨那些一到夜里就在私家草坪上拱蛆虫吃的猪——追溯起来，那些猪还是垃圾场早期雇用的清道夫呢。

我们聊到一半，尼尔没作任何解释，突然转身走了。

"你用了'垃圾场'这个词。"有人猜测他离去的原因。

"这是一个清洁填埋场，"另一个人补充道，"不是垃圾场。"

"垃圾场（dump）这个词太粗俗了。"

我估摸着，这下我只能和机器鸟公司的人一起开车过去了。

几分钟后，我们都站在了人造垃圾谷的边缘。谷地有个工人驾驶着夯土机，西美鸥像暴风雪一样围绕着他的车盘旋。不管你在暴风雪中驾驶什么器械都属高危操作。海鸥这样飞，司机简直都看不清自己在做什么。它们还会排泄，有时是让人惊诧的一大坨。不过，硬顶的安全帽不止是为了防鸟屎的。

机器鸟亮相了，从它的专用箱里被取了出来。鸟身经过喷漆和纹理处理，看起来很逼真，羽毛看起来很符合空气动力学特征。尼克掀开它的颅顶，让我们看到里面装了只小罗盘。接着，他把头颅合拢，就像捧着婴儿那样，把它小心翼翼地递给一个衬衫上写着"执飞师"的年轻男子。这位执飞师把机器鸟搭在肩头，好像它是只纸飞机，然后和另一位名叫艾克伯特的执飞师配合，由艾克伯特负责遥控机翼——控制台上有两根操作杆，可以同时分别操作，左边控制动力，右边控制高度，就这样让机器鸟飞了出去。

尼克果真创造了一样令人震惊的神器。这款无人驾驶飞行系统——可以说是"无人机"——没有旋翼，也不会发出声音。它可以像猎鹰一样飞升、俯冲，仅靠襟翼、升力和重力。执飞师不只是操纵它转圈飞，还会模仿猎鹰捕猎的动作。所有机器鸟执飞师都经过猎鹰驯养师的培训。

如果你的公司购买了机器鸟，谁来培训你呢？谁也不会，因为你买不到机器鸟。你买到的是艾克伯特的服务。执飞师会带着机器鸟来工作，只要你需要或负担得起，来多少次都没问题。

你也有别的选择：雇用真的猎鹰和驯鹰师。能让猎鹰驱逐鸟类是独门绝技，驯鹰师要接受两到五年的培训，考取各州的许可证才能上岗，如果特指在机场驱鸟的驯鹰师，还需要联邦航空管理局的许可执照。旧金山巨人棒球队就曾考虑过雇用猎鹰，因为打到第九局时，被热狗迷得团团转的一群群海鸥会绕着体育馆飞，往广大球迷身上拉屎拉尿，还时不时甩下一大坨，打乱球场鏖战的节奏。尼克的建议是：哪怕已经是机器鸟的客户了，也要偶尔请驯鹰师来加强一些"致命强化措施"。

倾倒区外围的海鸥正在撤离。平常那种嚣张的嘈杂似乎被消声了。我见过发射烟火枪时鸟儿飞逃的样子，几分钟前，尼尔在这儿所做的举动也出于同样的目的，但效果很不一样。烟火是猛然迸发、大规模散射的，但效果只能维持几分钟，鸟儿会回来，所以，更像是造成了惊吓反应，而非一种程度不高、但很坚持"我们离开这里吧"的意愿 —— 那是由天敌（或令人信服的机器仿制品）带来的紧张感。有人说到发射烟火枪不过相当于"让鸟儿们活动活动筋骨"，这话倒很贴切。

还会惹恼邻居，谁都不希望一天到晚都能听到烟火爆响的声音，也不希望每天清理自家屋顶上的鸟屎，因为总有一群海鸥从本地垃圾填埋场飞过来，每天20圈地盘旋在社区街道上。他们怨气冲天，然后，尼尔就不得不赠送洗车券。

最近，垃圾填埋场对海鸥采取无视的态度。"让它们留在这儿，麻烦事还少点。"尼尔还肯跟我聊天时这么说过。对于海鸥，尼尔已经想得够多了。但我没有，还不够多。

第 12 章　**圣彼得教堂的海鸥**

　　　　　　　梵蒂冈的激光试用报告

如果你让海鸥紧张到一定的程度，它就会吐①。虽然这对需要处理呕吐物的生物学家来说很糟心，但幸亏有这种习性，你可以一目了然地知道它们吃了什么。银鸥认为可以吃的东西——要么就是在宾夕法尼亚大学的高级研究调查员朱莉·埃利斯的一手策划下呕吐出来的东西——包括但不限于腊肠、蚂蚁、草莓奶油蛋糕、一条大鲭鱼、一整条热狗、毛骨俱在的老鼠、鱿鱼、用过的卫生巾、废弃的龙虾钓饵、维也纳香肠、一只绒鸭、甲虫、腐烂的鸡腿、一只老鼠、一张包过松饼的纸、一片沉甸甸的纸尿片，以及一盘价值不菲的贻贝沙拉意大利面。

没有哪只海鸥对着朱莉·埃利斯口吐鲜花。海鸥什么都吃，就是不吃花草。因此，在教皇2017年复活节弥撒的前夕，当荷兰花艺大师保罗·德克斯在圣彼得大教堂外的祭坛周围布置三卡车的花朵时，他压根儿没想过要担心海鸥。

然而，我们眼前的景象令人难以置信。他前一天晚上离开圣彼得广场时，通往露天祭坛的又宽又低的台阶上已摆好了6 000朵水仙花。他再到现场时是早上6点，距离广场向公众开放已不到几小时了，却只见一片蓄意破坏后的残花。中央走道上的盆栽水仙花被踢翻了，台阶上的花乱成一团。祭坛地面上全是盆栽花盆里的土。长茎的玫瑰从花瓶中被一一拔出，乱扔一气，像是有哪位芭蕾舞女演员在半夜时分来这儿做了一场告别演出。

---

① 第一次听闻有"防卫性呕吐"这种事时，我自作聪明地以为是为了减重，以便更轻松地展翅飞翔。并不是，这样做也不是为了击退捕食者。恰恰相反，海鸥专家朱莉·埃利斯说，更有可能是"一种为了分散潜在捕食者的注意力、主动提供替代食物的方法"。动物和我们真是不一样啊！

但是，花儿并没有被吃掉。那显然是丧心病狂地搞破坏，毫无道理可言，和大沼泽地国家公园里撕扯密封胶条的秃鹫、迪潘杨·纳哈说的砸锅的猴子一样令人费解。为什么海鸥要这样做呢？有没有生物学动因？难道，有些物种就只是蠢吗？

为了寻找答案，我通过在线会议软件连线朱莉·埃利斯，她当时在洗衣房里。"我能想到的唯一的理由是，"她说，"它们在找土里的虫。"有可能。德克斯给我发了一些现场照片，但我看到大多数被破坏的水仙花都还在盆里，那些玫瑰都是切花。

另一位研究海鸥的专家萨拉·库切斯内也加入了视频会议，当时她在车里，车停在缅因州的停车场里，她一直在缅因州阿普勒多岛的肖尔斯海洋实验室里研究银鸥和大黑背鸥。"莎拉，你有什么想法？"朱莉问道，"萨拉？好像她的声音有点问题。"

萨拉的嘴在动，但没有声音，过了一会儿，整张脸都凝滞了，又过了一会儿才传来言语声，"啊，那场面是让人抓狂。这算是拔草吗，朱莉？"

"我想过的，"朱莉说，"只是有可能。"在繁殖聚居地里，为了展现自己的领土意识，海鸥会用喙拔起一丛草。萨拉使用的术语是"转移攻击"。就像为了示威，但不打别人的脸，转而一拳砸墙？朱莉说，是的，不过海鸥也会直接打脸。在繁殖地，如果别人家的雏鸟误入自家领地，银鸥有时会把小海鸥活生生啄死。然后，它们——也可能是另一只海鸥——还可能吃掉它。关于这一点，贾斯珀·帕森斯写的《银鸥食人主义》一文中应有尽有，他在苏格兰的五月岛看到了很多这样的事情。我读了这篇文章，不失时机地秀出我学到的新词汇: kronism, 意为"吃自己的后代"①。海鸥确实会。

根据萨拉的观察, 有关银鸥吃下一代的报道属于过度渲染。"它们处决邻居小孩的次数是相当多, 但没有吃掉它们。有时候甚至不会把小海鸥置于死地, 只是啄啄它。"

"你懂的,"朱莉插了一句,"可能是把邻居的小孩啄瞎了, 让它躺在那儿慢慢死去。它们挺可爱的, 真的。"

反正, 朱莉和萨拉决不会说海鸥 —— 作为一个物种 —— 都是坏蛋②。诚然, 有20%~30%的雏鸟远离自家巢穴时会受到攻击, 但还有一项研究证明, 几乎有同等数量的雏鸟会被邻居收养, 养父母会为它们提供食物和保护。不管是人类还是熊, 总有少数个体能为物种中的大部分(在我们看来是)粗野的行为负起责任。在1968年五月岛的繁殖季节里, 共有329只银鸥的雏鸟被本族大鸟吃掉, 但其中的167只都是被4只大鸟吃的。据帕森斯说, 250对银鸥中会有一对吃本族雏鸟。他发现, 食物是否短缺与此毫无关系。看起来, 雏鸟只不过碰巧是它们最爱的美食。

---

① 译者注: 源于古希腊神话中的克诺洛斯(Kronos)。乌拉诺斯死前预言克诺洛斯的王位必会被儿子夺走, 于是一旦有婴孩出生, 克洛诺斯就将他们吞入腹内。在失去了三个女儿、两个儿子以后, 其妻瑞亚不忍心下一个儿子宙斯被吞, 于是拿了块石头假装成儿子。宙斯长大后, 从父亲肚内救出兄弟姐妹, 以前被吞下的波塞顿、黑帝斯、赫拉、狄蜜特和赫斯提亚便再生了。虽然他们实应算作宙斯的哥哥和姐姐, 但因为他们是被吞入后再被吐出的, 可看作一种复活, 于是尊宙斯为大哥, 一同对抗父亲与泰坦族。

② 说到蛋蛋, 不妨提一嘴: 海鸥没有生殖器。像大多数鸟类一样, 海鸥通过对准彼此的泄殖腔口来交配。用鸟类学的术语来说就是"泄殖腔之吻"。乍一听这名儿, 你会觉得鸟类的性行为既甜蜜又端庄, 接着才会意识到它们也是通过泄殖腔排泄的。

海鸥进化出了堪称多面手的喙，以及一只厚实的砂囊，反刍贝壳碎片（以及海鸥雏鸟的喙、尿布）都不在话下，所以，不管它们想吃什么都尽可吞下肚去。每一只海鸥都和别的同类不一样，这和人类毫无二致。有些海鸥只生活在岸边，以捕鱼为生。有些就喜欢垃圾填埋场，还有一些偏爱城市，最喜欢吃人行道上的薯条、热狗的残渣（有一项研究表明它们会得冠状动脉疾病）。只有少数海鸥会吃邻居家的孩子，还有少部分是猎手，喜欢逮住北扑翅鴷和鸣禽的翅膀。最近，莎拉在某只海鸥的呕吐物中看到了一只超大的凤头雀。她补了一句："虽然它经过了曲里拐弯的食管，但看起来还是一只挺像样的凤头雀。"

有一只，或者说有过一只海鸥在圣彼得广场区域捕食，也就是前文提到的群鸥踩踏花草的地方。我们知道这件事，因为有摄像机在2014年拍到了那只鸥。你可以用慢镜头观看它俯冲下来，先用喙尖，再带动一股嘲讽的气息，紧盯教宗方济各刚刚放出来的白色"和平鸽"不放。每年一月，教皇都会和天主教青年会的孩子们一起现身露台，宣读一段呼吁和平的祷文，并放飞一只白鸽。那只鸽子侥幸存活，但这个传统因此告终。后来的几年里，他们放飞的是鸽子形状的氢气球。

朱莉和萨拉希望大家明白，那只海鸥也有"讨人喜欢的一面"，只要你们去它们的繁殖地观察一阵子就会感同身受。海鸥是非常尽职的父母，包括雄性也会不离不弃地帮助雌性抚养雏鸟。在鸟类中，这种做法并不普遍。最有代表性的当属椋鸟，博物学家F.H.赫里克在一个世纪前观察了椋鸟的筑巢行为，并在《野生鸟类的家庭生活》中这样描述："4小时里 …… 雌鸟哺育幼鸟的时间超过了1小时，喂了它们29次，清理鸟巢13次。雄鸟总共来了11次。"至于雄鸟是来给小鸟喂食的，还是干坐着碍事，赫里克没有说清楚——"帮忙处理了排泄物，但仅2次"。

海鸥是群居性动物，只要那个聚落完全属于自己人，它们就齐心协力地保护整个社区。当一只海鸥看到且认为有捕食者出现时，它就会向其他成员发出警告。警报的频率会指示入侵者的大致方位，别的海鸥就会冲去驱逐来袭者①。这显然会让它们更加恶名昭著，因为在沿海度假城市，所谓的入侵者常常是不知不觉走到鸟巢近旁的游客。比如英国ITV网站的新闻"养老金领取者遭海鸥袭击后满脸鲜血"——就无疑是标题党了。（附照只显示了该名女性的头顶上有一小块干涸的血迹。）

好像还挺公平的：印度有猴子，我们有海鸥——它们让老太太血流如注，从游客手里抢走零食，让报纸销量激增，让政治家苦恼。（康沃尔郡的一只海鸥袭击了一只宠物龟后，《卫报》的头条新闻是"海鸥袭击：大卫·卡梅伦呼吁对此痼疾进行'深入探讨'"。）海鸥研究者、大西洋学院的教授约翰·安德森在他居住的沿海城市常常看到媒体大肆渲染海鸥"袭击事件"。"这也太荒唐了，"他在电邮中对我写道，"狗向人吠叫、猛扑的行为完全算不上新闻，可是，海鸥向你俯冲下来却能抢到版面。"安德森将此归咎于《群鸟》。"阿尔弗雷德·希区柯克要负很大责任啊。"

---

① 如果所谓的入侵者是你，那么祝你好运。海鸥不但会狠啄你的头，还如埃利斯所说，"非常善于瞄准入侵者的脸部"。她跟我们说了一件阿普尔多岛的学生经历的真事儿：为了保护自己，那个女学生在穿越鸟巢密集的峡谷时穿了雨衣，拉紧了兜帽。但"一只海鸥成功地对准她的嘴，拉了一泡屎"。

那么，让我们先聚焦于海鸥的可爱之处吧。最近，我读到一本关于海鸥的书，作者曾是《奥杜邦鸟类杂志》的编辑。书中提到海鸥有一种特殊的叫声，能传达分享食物的意思，后来我也跟朱莉和萨拉提到过，那该有多可爱啊！

"嗯……"萨拉说，"我听到它们找到食物时会发出长长的叫声，这是昭示领地感的叫法。我敢说，它们是在声张对自己找到的食物的所有权，而不是邀请朋友来吃饭。所以，在这一点上站队的话，我会赞成海鸥是坏蛋。"

但这是一种生存策略，所有这一切都是，为了有东西吃，为了保护自己的后代，将基因妥善地传给下一代。海鸥就是海鸥，人就是人，但不幸的是，在某些情况下，它们的做法太像人类所为了。

不过，蹂躏教皇的玫瑰也未免……谁能说清那究竟是为了什么呢？我最好去现场看一看。复活节周末就要到了，这一次，梵蒂冈做了准备。除了保罗·德克斯及其团队，他们还空运来了一款"激光稻草人"，同行飞来的还有它的创造者安德烈·弗里耶特斯。我早有耳闻：激光是一种有效的、但看似无害的驱鸟方法。有天晚上，汤姆·西曼斯在新鲜杀戮填埋场用过一次。皇家棕榈游客中心的工作人员也试过用激光对付破坏汽车的秃鹰。有没有简单便捷的办法让鸟类远离呢——简单得就像你展示的幻灯片上没人理解的图表？

在梵蒂冈过复活节周末会让天主教职人员们欢欣兴奋。修女和牧师们从各地赶来，让圣彼得广场看起来俨如毕业典礼当天的大学校园：飘逸的长袍、特殊的帽子、自拍杆。十几只海鸥也聚在这儿——在喷泉里享受清凉，站在圣彼得用大理石塑好的发型上俯瞰人群——但现在还不需要阻挡它们。6名花匠助理正忙着摆放鲜花。

安德烈·弗里耶特斯将在1小时后在安全门前和我碰头,大约下午5点。他要等所有鲜花到位才能开始他的工作,因为设置激光束的时候必须确保每一株植物都能被照到。我在纪念品摊位和神职服装店徘徊,即梵蒂冈消费的低谷和峰值所在。我试图说服梵蒂冈的瑞士裔卫兵,首先我很无聊,其次把气球式条纹短裤穿在最外面的人好像也算不上威风,但不管出于什么原因,他没有被我说动。

我隔着路障,看着保罗·德克斯进行最后的调整。我在这里的大部分时间里,他总是一个遥远的身影,脚蹬皮革登山靴,系着腰包(也是皮的),总是匆匆忙忙地穿过我的视野。我到达的那天晚上,和安德烈坐在他们酒店的咖啡馆时,他下来和我们聊了几句。他讲起2017年海鸥掀翻花海的典故,以及他回到荷兰后如何在荷兰电视台上呼吁集思广益,为梵蒂冈未来的现场问题寻求解决方案。

约有250名观众献计献策,但大多数人都没能想明白这个局面有其独特的急迫性。从我站立的地方几乎能望到教皇的卧室内景。有人建议安装“带有叫喊声”或“炸弹声”的警报,但梵蒂冈城的居民显然不想彻夜难眠。还有人建议释放“难闻的气味”,但圣城居民们也不希望第二天早上在雾蒙蒙的臭气中做弥撒。拟像可以用,毕竟,圣彼得教堂里已有一尊耶稣受难像,多一个可能更丰富,但他们应该不会考虑把鸟腿绑起来、倒吊的死海鸥之像。安德烈甚至不确定拟像在晚上有用。海鸥进化成了昼行性鸟类,虽然有些海鸥已开始轮流值夜班，去偷袭罗马的垃圾箱，但海鸥的夜视能力可能不足以接收拟像的惊悚细节。我思忖了一下，用机器鸟会怎样？但尼克·尼杰赫斯显然没看到那天电视里的呼吁。

德克斯在电视上呼吁后的第二天，安德烈给他打了电话，说"我做鸟惊这行已经25年了"。他拥有一家名叫 Vogelverschrikker（荷兰语的"稻草人"）的公司。安德烈建议他带 LaserOp Automatic 200去那儿试试，那是一款类似单色激光秀用的激光灯。激光没有声音，也没有惨不忍睹的景象，挺人道的，一般情况下都能让海鸥不安，效果至少能保持一星期，还挺靠谱。激光的使用场景主要是黑暗或低光的环境，以使光束最明显。在美国，野生动物管理局已用激光来驱逐鸬鹚、海鸥和秃鹫，以免它们在某些建筑物上栖息，或是造成某处排泄物泛滥。

激光束是绿色的，科学家认为一些鸟类不仅能看到这种颜色，还能比我们看得更清楚。有些制造商的官网对于激光束驱鸟的机制做出了理论解释：鸟认为激光束是一根固态的、在空中掠过的绿色棒子，可能击中它。（我想知道这是谁做出的理论解释，这个人看过几部《星球大战》的电影？我还仔细检查了一下：产品介绍中没有用到"光剑"这个词。但有类似的：他们称其为"棍棒效应"。）也有些物种不吃这套，比如鸽子和椋鸟，它们要么没把光束看成棍棒，要么就是没被吓倒。

五点整，安德烈现身，和我一起走向祭坛。明天会有8万名天主教徒和游客来听教皇做弥撒，再从巡回牧师队列中领圣餐，但现在我们看到的只是灰色塑料椅排成的观众席。安德烈带来了两台 LaserOp Automatic 200。一台就够了，但你懂的，这儿毕竟是梵蒂冈啊。他想确保万无一失。激光装置安置在一个白色立方结构体里，搁在农田里，可能会被误认为是堆起来的蜂巢。搁在这儿，在圣彼得广场的祭坛脚下，看起来又像什么呢？我说不上来……宜家款的洗礼盆？

清理人员在用吹叶机清扫，我和安德烈勉强在轰鸣声中交谈。"你怎么会喜欢上驱鸟这活儿的！"我得扯着嗓子喊。

他凑到我脑袋边上说道："哎，我自己以前也是个农夫！"

我竟然从没想到有这种可能。安德烈有多么像农夫，保罗·德克斯就有多么像花匠。巧得很，他也爱皮革，一身黑色皮夹克饱经风霜。他的胡茬有多短，头发就有多短。他的牛仔裤腰头拉低到胯骨，不是紧身裤，但肯定不是农民穿的牛仔裤。

安德烈以前种的是生菜。"球生菜和小宝石生菜！"说到一半，吹叶机停了。"小宝石！"听来就像体育场里的欢呼声。

一波又一波喜欢吃沙拉的小动物都去他家享受自助餐。野兔、乌鸦和林鸽。"林鸽吃菜心。我用气罐轰不走它们。"（气罐，也称作丙烷炮，是一种放在野外、可以定时发射的驱鸟装置。）"你可以在庄稼上铺网，但很贵，维护起来也很费事。乌鸦会把植物整个儿拔起来，因为它们认为下面有虫子。"我问安德烈，海鸥是不是也这样想，所以去糟蹋2017年的那些水仙花。他觉得那种捣乱是出于好奇心："海鸥心想：有新玩意儿了，兴许能吃。那我就不客气了。"

安德烈喜欢鸟。他特别提到鸟类会消耗有害的昆虫。"在农民落户之前，鸟就在这儿安家了，"他又补了一句，"农民来了之后就会开餐馆，鸟儿们也会来吃，一般都会。"

和第 8 章里的那位参议员一样，安德烈也是一不做二不休，用上了终极战略：换跑道。安德烈还在务农时，有一天和"吓死鸟"制造商通了电话——"吓死鸟"是一种会发出噪声、间歇弹出式的鸟惊装置。"那人对我说：'你知道的，我在荷兰没有进口商。你想试试吗？'我就说，'行呀，我来试试'。"就这么简单，安德烈成了荷兰境内的"吓死鸟"代理人。顾客们常会提出要求，想得到更便宜的产品，于是，他很快就开始囤其他货物：烟火，老鹰风筝，还有拟像。"世界上所有你能买到的鸟惊类产品，我们的仓库里都有。"有一段时间，他还在继续干农场的活儿。"但要兼顾鸟惊和生菜，事儿实在太多了。"他决定把所有精力和时间投入鸟惊事业。工作时间更理想，钱也赚得更多。务农也像淘金：干活儿的人未必能赚到钱，真正稳赚的是把设备卖给所有人的人。

安德烈站起身，走到鲜花展台边，每隔几英尺就蹲下身子，瞄准激光，留意光束可能错过的任何方位。我拿着我的笔记本跟在他后面，不断地干扰他的注意力，还会撞到他的激光束。

"我只想跟你到处转转。"

"我看出来了。"

从广场外的什么地方传来一阵喧闹声，众人齐聚欢呼，声浪掀起高潮。那是红地毯边才有的动静——肯定有哪个一线明星的车停下来了，明星款款走下豪华轿车。"是他，"安德烈说，"弗兰西斯，他是今天的大明星。"

这个星期，梵蒂冈城里有数百位修女。我看到有的修女穿绿袍，有的穿粉色的。都是坏习惯！有的修女抽电子烟，有的修女会插队。眼前的修女们正在奔跑，欢笑，不停地挥舞手臂，面纱翻飞。圣彼得广场北侧的安全门刚刚打开，等在队伍最前面的一群人就飞速冲向教堂内殿里的前排座位，不管教宗方济各即将举行什么仪式，他们都想抢占最佳位置。他们在露天祭坛后面赛跑时，有只停在立柱喇叭上的海鸥飞了起来，两只在鹅卵石地面上的海鸥紧随其后。

修女们刚刚展示了世界上最古老的鸟惊技艺——咋咋呼呼地朝它们冲去，就能让它们离开植株。杰尔瓦斯·马克汉姆在1631年写道，要驱赶乌鸦和其他"玉米田的天敌"，最好的方法就是"让一些小男孩……跟在播种的人后面……连呼带叫，越闹腾越好"。这种做法被详细记载于1869年英国议会的童工调查文献里，最近，英国纳尼的一家博物馆展览的主题就是"历史上的童工"。这些儿童通常是6~9岁的男孩，还不够强壮，不足以承担更繁重的农活。为了得到可怜巴巴的几个子儿，他们在田间一边"叫嚷"，一边敲打鸟惊木器。他们要在春天播种时这样工作一个月，秋天作物成熟时再回来干一个月，没法上满一学期的课，大大降低了他们接受教育的效率。在农民看来，这样操作的缺点在于男孩们会偷懒，懒到什么程度呢？某个农民曾说："每个男孩都要一个男人盯着他干活。"

行吧，折腾吧，他们本来就该让那个成年男人去驱鸟。成年驱鸟者并不常见，但确实存在，直到今天也一样。雇用他们是要花点本钱的。我有把握这么说，因为科学界研究过了。英国农业、渔业和食品部在英格兰诺福克北部有个实验农场，专门用来测试"鸟惊体系"。那儿有很多沿海岸线的麦田和油菜籽田，还有3 000只布伦特雁安家于此，每年都会消耗大量农作物，所以才会被选中做实验田。研究人员朱丽叶·维克里和罗纳尔德·萨门斯在实验田里比较两种常用方法的成本效益：用丙烷气罐之类的工具，以及让"全职人类驱鸟者"每周6天开着全地形车四处跑动。("第7天，农夫去驱鹅。"研究人员用圣经笔法如此写道。)人类驱鸟者能大大减少鸟吃草的时间长度，以及吃草期间的"排泄物密度"——这是一个可量化的指标。

即便把全地形车的成本算进去，人力驱鸟的成本效益也更高，一些农民似乎已注意到了这一点。荷兰的浆果种植者有时会在夏季作物成熟时雇用大学生担当驱鸟人。

针对面积较小的地块，用驱鸟人是最合理的选择。圣彼得教堂外的鲜花占地不到半英亩，只需守护几个晚上。要说有什么场景特别适合简单有效、经济实惠的人工驱鸟法，那显然就是圣彼得广场了。要是我当时看到德克斯最初在电视台的呼请，大概会发邮件提议："你有没有想过雇一个人去驱鸟？只要有人坐在祭坛那儿，看到有海鸥飞过来，赶走就行了？"可惜我只是个马后炮，只能从罗马回家后才发了这封邮件。"不，我们没想过这种方法，"德克斯的答复是，"我们没有那样做，现在反而对安德烈更好！"确实如此。梵蒂冈正在扩增设备，以成为拥有一家杂货店、一家药店、没有电影院和两台LaserOp Automatic 200鸟惊设备的城中国。

安德烈打开了激光装置的顶盖，里面有一个数字显示器，会让人想到丹尼尔·克雷格蜷身伏在上面的样子——他要拆除很可能摧毁军情五处和整个伦敦海滨的炸弹，或者，只是想设置好他家的草坪洒水系统。"只有5个按钮。"安德烈说。设置启动时间、激活间隔的按钮，以及设置需要覆盖的范围的按钮。"哪个农民都能操作。"

大型农场要用驱鸟人的话，势必要用很多人，否则，就得让少数人无休止地东奔西跑，好像在玩打地鼠游戏。因而，安德烈的激光驱鸟这类自动化系统具有很大的吸引力：只需一系列太阳能供电装置，自定义设置，就能让光束覆盖整片田。这会是驱鸟业界的光明未来吗？

安德烈将一盆花拖出光束的路径。"五六年后，"他挑起话头，却说出了出乎我意料的话来，"就不会有人用激光了，有危险。"即使是为课堂讲授而出售的手持激光笔也会损害视网膜。激光被眼里的色素吸收后，会沉积能量，灼伤眼部组织。光以密集光束的形态抵达眼部，并由晶状体进一步聚焦，所以积存的能量密度很高。至于造成的损害嘛，你可以试想一下：穿高跟鞋和穿休闲鞋的人踩到你的脚，你的感受会有什么区别。

安德烈并没戴激光安全护目镜，我问他怎么不戴，他解释说，光束是向下瞄准的，看着光束的源头才会伤到你的眼睛。

谁会盯着激光看？在80％的情形下都是青春期的男孩。这是一个眼科医生小组发现的，他们回顾了77个案例，并通过电邮向数百名同行发了调查问卷。结果发现，有些孩子竟会参加直视激光竞赛，最终很不情愿地向急诊室医护人员坦承：他们盯着激光看了10秒、20秒，甚至有一次多达60秒。（这些男孩往往有引发自残的行为障碍或遗传障碍。）

离开前，我打了通电话，和普杜大学的生物学教授、国家野生动物研究中心的前研究员埃斯特班·费尔南德斯·朱里奇进行了交谈。他参与了一项研究，考察了鸟惊激光装置的安全性——对鸟而言，短暂暴露在激光下是否安全？这是这个课题领域的第一次科学调研，以前的安全声明都基于人类眼睛的焦距、光谱敏感度和眼部构造，正如他所说："完全没有考虑鸟的眼睛。"埃斯特班说，有些物种对激光没有反应，哪怕激光穿过它们的视野。"也许有些物种看不到激光，我们尚不清楚。所以，对于那些没有反应的物种，我们应该更加小心。"但更有可能出现的是相反的情况。埃斯特班想象某个沮丧的农民面对这类物种时的心声："来吧，不怕激光的神物们，放马过来吧！激光多的是！"他说这些时用了罗伯托·贝尼尼获得奥斯卡奖时的那种兴奋欢欣的腔调。

激光公司知道埃斯特班在进行这项研究，对此略有不安。他们一直在争先恐后地生产大型农用设备，要投入很多钱。"有些事我不能跟你讲，"埃斯特班说，"……我该怎么形容呢……"

"有人想对你的研究结果施加某种压力？"我贸然直说了，"贿赂？"

"你的说法和发生过的事实可能相差不大，"埃斯特班不得不致电大学的法务，"我说，'哦，我的天哪，这事儿你必须介入一下，因为这实在是……哇哦！'"

安德烈·弗里耶斯没听说过埃斯特班的名字，这并不奇怪，因为研究结果还没有公布。我回家3个月后，埃斯特班把预备的结果转发给我——没提到细节，也没有激光品牌名。他说，研究结果不容乐观，足以惊动某个鸟惊公司派出一组人员去普杜大学与科研团队商议。

埃斯特班试图安抚这些访客。"我们不是在说你们这些想用激光的公司都是坏蛋，这是一次携手科学界的良机，可以改进激光的操作方式，或改变波长，或改变强度。"

一年后，这项研究仍未发表，埃斯特班也没有回复我的电邮。我希望他一切都好。

早上5点左右，差不多就是2017年复活节花阵遭蹂躏的时间段，我走向圣彼得广场，看看有啥动静。激光束在祭坛区旋转着扫过花草时发出萤火虫般的闪光。看起来，激光挺尽职的。以我在保安围栏后所能见到的情况来看，德克斯的花阵完好无损。30只海鸥都在广场中央的喷泉基座那儿安眠，吸引它们去那儿睡觉的是鹅卵石的温热。

柱廊里的十几个无家可归的罗马人正在陆续醒来，安静地卷起各自的睡袋。警车停在30英尺外，但警察让这些男男女女睡了一场安稳觉。这是教宗方济各仁慈温柔的指示吗？不知道他的恩泽在多大程度上受到了圣名的影响 —— 圣方济各是穷人的朋友，也是动物的朋友。现任教皇会不会支持用更进步的方法对待野生动物？我知道，这问题挺可笑的。但我来都来了，不妨一问。

第 13 章　耶稣会士和大老鼠

　　　　　教廷的野生动物管理技巧

梵蒂冈城国是一个主权国家，面积相当于位于佛罗里达州的迪士尼魔法王国。另一个特点也很像迪士尼：有些地方游客可以去，还有些地方仅限工作人员出入。我两者都不算，也不符合梵蒂冈定义的媒体人员，所以，他们告诉我要给梵蒂冈城国秘书长打报告。这感觉好奇特，好比亲笔给唐纳德·特朗普写信，申请进入美国。不过好像比想象中的顺利，我的信被转发给了特定人员，很快就收到了一封亲切的回信，翻译如下："亲爱的女士，我很荣幸借此机会向您致以非凡的敬意。"签名的风格与正文略有不同，"梵蒂冈花园和垃圾部主管"。

刚刚把蓝色福特福克斯①停在有门卫监守的梵蒂冈入口弯道边的正是这位主管大人。拉斐尔·托尼尼下了车，与我握手。他本人和信函的风格一致，很正式，但不招摇。一身深蓝色的商务套装，稍微有点旧，但很干净。我们向他的办公室走去。街道很窄，基本上没啥车。这好像是一座没有车水马龙的城，一个没有孩子的国②。

---

① 教宗方济各的专用车也是福特福克斯。梵蒂冈和福特福克斯有什么关系吗？福特公司市场部的埃里希·默克尔说，什么关系也没有，纯属巧合。默克尔自己开野马，但他捍卫着低段位的福克斯。"纯粹说视觉感的话，线条其实蛮好看的。"他补充说，福特在欧洲销售一款名为 ST 的新款福克斯，搭载增压发动机，输出功率可达 252 马力。"那款车很厉害。只要你稍作加装：装个扰流板，再装几个 Recaro 跑车座椅？那就超酷了。"教皇的座驾会不会实际上是福克斯 ST？并不是。教皇选择了"基础版"。

② 宗座瑞士近卫队的一些高级军官与其家人住在梵蒂冈城国，但自古至今，没有一个婴儿出生在这个国家。记者卡罗尔·格拉兹怀孕九个月时在梵蒂冈新闻大厅工作，有位与她一起工作的修女坦言：真希望孩子能在梵蒂冈出生。因为那将是有史以来在罗马教廷登记的第一个孩子。生在梵蒂冈的宝宝会有什么特殊待遇吗？啥也没有。因为梵蒂冈城国的公民身份由行政部门裁定，谁也不会因为出生在那儿就天生地成为梵蒂冈国民。

"那儿就是意大利边境！"我跟随托尼尼的目光望向环绕罗马教廷的巨墙。一只海鸥滑翔而过。这就是你们的和平象征物，我心想，一只鸟，任何一只鸟，飞越高墙，无视边界！和平、自由、团结！我大概喝了太多意大利浓咖啡吧。

托尼尼的办公室很朴素，窗前能看到藤蔓密密麻麻的叶子。有一位翻译参与了我们的交谈。托尼尼说，海鸥在梵蒂冈的花园里并不会造成什么麻烦。"这儿有绿鹦鹉。"它们会吃花园工作人员种的植物种子。

没有采取任何措施去驱逐它们，"它们是环境的一部分"。据报道和平鸽事件的天主教新闻社记者卡罗尔·格拉兹说，教皇是个超级鸟类爱好者，他养过一只鹦鹉（还教它说脏话）。

教宗方济各确实谨遵亚西西的圣方济各（St.Francisofassisi）——动物和自然环境的守护圣人——的世界观来引导梵蒂冈。托尼尼担任现职前不久，教宗方济各就曾下令用生态防治害虫法代替化学杀虫剂。虫子会引发麻烦，那就引入它们的天敌：某些昆虫。他们还在花园的树干上安了巢箱，吸引蝙蝠，因为蝙蝠吃蚊子。

我们回到托尼尼的车上，去看梵蒂冈的蝙蝠箱。那些箱子非常漂亮，都是木制的，很有品位。很快，我们就来到了一个低矮的土堆，上面铺满了碎草。梵蒂冈的堆肥！在很后头的地方有一些显然是教皇圣仪留下的有机垃圾，应该已经放了一星期了：圣枝主日用的精心编织的棕榈树叶。托尼尼帮我抽出了一片。

开放式堆肥可以把动物吸引来。终于——有了一个难得的契机，能把话题转入梵蒂冈的害虫控制。我请翻译转达关于鼠患的问题。

"Ratti." 我听到他对托尼尼这样说道。托尼尼转向我："Sì, sì①. 是的,梵蒂冈有老鼠②。"

我问他们有没有设陷阱,托尼尼又答道"Sì"。他对翻译说了些什么,翻译转而补充道:"他们必须对老鼠采取措施,因为老鼠的数量太多了。它们真的造成了很大损害。破坏机械、电线。他们尽可能地让一切保持清洁,但是……"

"所以,教宗方济各对灭杀老鼠没有意见?"

托尼尼甚至从未见过教宗方济各本人,现在却不得不替他发言。翻译听了一会,然后转过来,对我说:"他说你应该去问他本人。"

我肯定问不到啊!不过,身为一个已不再信教、更没有高层关系的前天主教徒,我会不遗余力地去尝试。我约到了一个采访,采访对象是卡洛·卡萨隆神父,他在教廷生命学院工作,还是一位生物伦理学家。教廷生命学院是类似于天主教智库的机构,成员都由教皇任命,但不一定必须是神职人员,甚至不一定是天主教徒。针对持续多年的问题(堕胎、安乐死),乃至更前沿的科学问题

---

① 编者注:意大利语,表示"是"的意思。

② 我回家后上了网,想看看能不能找出梵蒂冈用的是哪家害虫防治公司。经过一番搜索,我看到了一个由计算机生成的官网主页,太像一个根本不存在的空壳公司了:Derattizzazione Roma。在"我们为梵蒂冈提供最荣耀的灭鼠服务"的标题下有一份疯狂的清单,占据了足足两页,如果列出的条目都属实,那简直在暗示梵蒂冈的鼠害太吓人了,因为灭鼠工作人员日夜不休,甚至星期天也不休息,每个建筑物的每个房间都经过了灭鼠,甚至鼠标里都有小老鼠。梵蒂冈紧急灭鼠、梵蒂冈夜间灭鼠、梵蒂冈食堂灭鼠、梵蒂冈周日灭鼠、梵蒂冈购物中心灭鼠、梵蒂冈技术室灭鼠、梵蒂冈电梯灭鼠、梵蒂冈鼠标灭鼠。极富创造性的翻译软件甚至开创了一个饮酒场所:梵蒂冈啮齿动物酒吧,专供精疲力尽的灭鼠员在完成任务后恢复体力。

（基因疗法、人工智能），生命学院会给教会给出指导性的方针。在教会变童丑闻越演越烈之际，生命学院还曾辅助教会起草对公众的回应文书。我告诉生命学院的媒体主管，我感兴趣的是生命学院如何定义哪些野生动物是有害的。换言之，在什么情况下灭绝或残忍地处置一个物种可以免受道德约束？我引用了亚西西的方济各的名言。我没有提到老鼠，媒体主管马上就回复我了。毕竟，他的收件箱最近收到的尽是些带刺儿的难题，我的冷门问题大概能让他换换心情吧。

从圣彼得广场出发，沿着协和大道一直走。走过三个街区，在纪念品商店（有卖教宗方济各的摇头娃娃，那战栗般的颤抖似乎不太吉祥）的对面，你会看到一栋焦糖色的三层灰泥建筑。门口挂着牌匾，你便知道自己到了教廷生命学院。虽然学院的地理位置已在梵蒂冈城国的物理边界之外，但学院所在地已成为梵蒂冈官方认可的国土，这意味着你迈入这个大门就会经历一种地缘政治的切换。你身在意大利，实际上却站在梵蒂冈境内。

卡洛神父的办公室四面白墙，除了一个十字架，没有别的装饰。托尼尼的办公室也是如此。梵蒂冈的奢侈似乎浓缩在博物馆和教堂里了，恰似聚焦的激光。卡洛神父本人也没什么装饰：黑裤子，黑鞋子，黑色纽扣衬衫，白色罗马领口。他的声音低沉而轻柔，说话时不打手势，或者说，没有众所周知的意大利男性说话的样子。虽然地板是大理石的，但在我的想象中，他走起路来也不会发出任何声响。

这种反铺张的做法可能是受到了教宗方济各的影响，教宗本人又是受了亚西西的圣方济各的影响 —— 那位嘉布遣会修士素以谦逊、热爱自然闻名。成为教皇后，方济各住进了一间普通的神职人员公寓。和托尼尼一样，他的座驾也是一辆福特福克斯。这星期，我顺便参加了一场圣周四弥撒，包括为几位教徒洗脚的仪式。那倒不是说真正的洗脚，更像是一种姿态——把水泼到脚背上即可。我熟悉的天主教新闻社记者卡罗尔·格拉兹笑着说："方济各直接用刷子。"（是的，他会让刷子避开红皮鞋面①。）

所以我很好奇。教皇认为我们应该在尊重、保护自然界及野生生物的道路上推进到什么程度？到达之前，生命学院的媒体主管给我转发了一份方济各的通谕《关爱我们共同的家园》，文笔相当优美。教皇写道："每个生物都有其存在的意义。没有一个是多余的。"他描述了圣方济各凝视日、月乃至最微小的动物时会情不自禁地唱出颂歌。我把这些段落读给卡洛神父听。

他颔首聆听。"圣方济各开启了自然和人类之间的崭新关系。

---

① 我差点儿要写"普拉达"的牌子，幸好之后读了迪特尔·菲利皮那篇巨细无靡地介绍教皇鞋（campagi）的论文，附有 100 多张定制的红色教皇鞋的照片。本笃十六世的官方鞋匠是阿德里亚诺·斯特凡内利。他制作的红色乐福皮鞋和"教皇在公寓周围穿的特定拖鞋"，为本笃十六世赢得了《Esquire》杂志"年度最佳饰品"的殊荣。梵蒂冈附近的教皇和教士手工制衣店 Gammarelli 里有一位鞋匠，按照传统，他负责制作新任教皇第一次在圣彼得教堂阳台上公开亮相时所穿的仪式性红色皮鞋。菲利皮在论文的第 119 页中带着嗤笑写道：除他之外，别的人都在吹牛。意大利著名品牌 Silvano Lattanzi 声称本笃十六世穿的是他们家的天鹅绒拖鞋？"我非常肯定这种说法是错误的。"那双拖鞋出自法国著名制鞋匠人雷蒙·马萨罗之手？"我认为教皇从没穿过这种鞋。"菲拉格慕出过"教皇式"酒红色乐福鞋？"教皇从没有穿过这种鞋。"印有梵蒂冈纹章的拖鞋？"教皇肯定不会穿有这种设计的鞋子。"那些带有装饰性缝线的普拉达红色乐福鞋？"谬论。教皇摒弃装饰性缝线。"根据菲利皮的说法，只有一家商业制鞋公司有资格宣称为本笃十六世提供了鞋履。2009 年夏季度假期间，本笃十六世在徒步旅行时穿的是 Camper Pelotas 牌的皮革运动鞋。

你去读他的诗,会发现'水妹妹''太阳兄弟''月亮姐姐'这些表达方式。"

"圣方济各也会提到'老鼠兄弟'吗?"棉铃象鼻虫姊妹?吃掉北达科他州2%的向日葵作物的黑鹂叔叔?

卡洛神父说:"是的,是的,他会的。甚至提到死亡时,他也用这种方式。"①

"圣方济各有没有特别提到啮齿动物?"我听到自己问出了这种话。

"不,他没有。但问题在于,兄弟情谊并不是一种简单的关系。你和兄弟姐妹们在一起时,通常都会吵架。与他人交往就意味着田园诗般的关系 —— 你不能这样想。人类和地球之间的每一种关系都不仅有积极的一面。积极的同时,还有消极的那一面。关键看你如何应对那一面。"这个人,相当不错。

"是的,那我们应该如何应对呢?"话可以说得很好听,但实际操作起来难,我们怎样才能用一种公平的方式同时造福人类和动物?就拿高尔夫球场的加拿大鹅为例吧,它们有何罪行?玷污草

---

① 死亡姐妹——拟人态是女性。也是 Alec K. Redfearn and the Eyesores 乐队第七张专辑的名字。《Signal to Noise》杂志称赞《死亡姐妹》专辑是"20 世纪美式音乐、卡芭莱……和东欧民谣、噪音摇滚和极简主义的华丽混合体"。你永远猜不到一个脚注能把你带去何处。

地①、乱丢垃圾，就为这，该不该允许我们叫人圈起它们，再用毒气熏死他们？就因为几个有钱人想把球打进洞里，而他们需要一个像罗马教廷那么大、整洁到足以让强迫症患者满意的赛场，那些鹅就该死吗？再想想所有浪费在浇灌果岭的"水妹妹"吧。灭除的时机或许已经来临——灭除的该是高尔夫，不是鹅！

卡洛神父做了通盘考虑。问题之一显然是：谁把鹅放进来的？我们必须综观大背景，再讨论该采取什么行动。高尔夫球场，对球场工作人员来说意味着什么？如果人们在那个地区只能在球场找到工作，你在采取行动时就必须牢记这一点。

"其实，也许没有必要把鸟处决。你可以用另一种做法，改变路径。你必须移动，思考，用进步的方法加以干预。"

捣蛋！我差一点儿脱口而出。有些市政机构没有捕杀加拿大鹅

---

① 但你别盲信网上说的，没那么严重。除鹅公司说它们每天排出3~4磅。华盛顿特区国家广场的鹅警司说每天有2~3磅。一位波士顿市议员说"每天多达3磅"。给加拿大鹅排便量抹黑的运动似乎在新泽西州《蒙特克莱尔地方报》上达到了高潮："一只成年加拿大鹅可以重达20磅，每天的排便量竟能达到其体重的两倍以上。"这也就是说，一只鹅每天能拉出40磅排泄物，相当于一匹马的排泄量。记者引用了美国农业部的资料；他们在NWRC公共关系部的联系人让我参考美国农业部的《鹅、鸭和鹦鹉概况介绍》：那上面写的是每天总共1.5磅。这份介绍的作者是从弗吉尼亚理工大学合作扩展部门发表的鹅类介绍中得到这个数据的。那份介绍只是说"研究表明"，但没有注明是哪一项研究。通过网络学术搜索只能找到一位研究者：B.A.曼尼，他确实走出了实验室，当场称量了一些鹅粪。曼尼发现：一只加拿大鹅每天排泄物（湿）的平均总量只有1/3磅。那么，弗吉尼亚理工大学是从哪里得到每天1.5磅的数据呢？我写了好几封电邮，但作者都没有回复，所以这仍然是个谜。

开磅数不谈，加拿大鹅确实拉得很勤快。根据曼尼的观察，平均每天有28次。还有一个加拿大团队在相关研究中报告说："鹅在睡觉时，有时也会排出小堆粪便。"

群，而是去找鹅巢，要么拼命摇晃鹅蛋，要么在蛋壳上涂油，然后把蛋放回鸟巢。结果就是鹅妈妈一直在孵空蛋。为了估算人道终止加拿大鹅胎的成功率，密歇根州自然资源部的一个小组检查了数万枚鹅蛋。后来，他们总结出一个有效的方法：看鹅蛋能不能浮起来，以此评估鹅蛋的年龄——浮起来就表明蛋里的空气比鹅胎多。这项技术已得到了美国人道协会和PETA的推荐，虽然我很想知道天主教会对人工堕鹅胎有什么看法，但我不想对卡洛神父捣蛋，所以没打岔。

假设有食肉动物，比如郊狼，咬死了某人的宠物，该怎么办？此人处决这只捕食动物有违道德吗？假设这只捕食动物只是出于本能、为了生存而这么做呢？

卡洛神父把他桌面上的一个订书机摆正。"你必须考虑到这对人造成的情感冲击。"

"可是，卡洛神父，你该如何权衡这二者呢？人的感受和捕食动物的生命？"

有人敲响了办公室的门，接着，有位男士端着一盘传统的意大利复活节蛋糕和一壶水走了进来。"啊，桑德罗，谢谢！"卡洛神父看到这些点心好像很高兴，也许，只是乐于打断这番谈话。桑德罗摆好水杯。我的杯口有一点棕色污迹，卡洛神父默不作声地把他的杯子换给了我。

吃蛋糕、稍作休息的时候，我提到我看到教宗方济各在复活节弥撒后骑着电动车到处跑，和人们握手，完全暴露在人群中。

"是的，快把保安人员逼疯了。"卡洛神父又跟我说了教宗方济各要配新眼镜的故事。他没跟保安说就独自跑了一趟眼镜店。

验光师很高兴，但最终很失落。"方济各对他说，'我只要镜片，不要镜框。因为我已经有镜框了'。他真的那样说了，'我有镜框。我只要镜片'。"卡洛神父摇摇头，想起这句话就觉得好笑。"你能相信吗?"他一笑就会露出两颗门牙间的隙缝。因为他衣着朴素，发型规整 —— 几乎没有任何个人风格的特点，这条牙缝倒是不经意间带出些许私密感，就像被咬过的指甲，或是不小心被看到的胸罩肩带。

现在，桑德罗端着盘子回来收拾餐具了。卡洛神父看着他退出门外，这才转回身，面对访客。"动物听从各自的本能行事，就像你说的那只小狼。"他念出来的是 co-dee-oh-tay，让这个词听来格外抒情。"人类不一样，人有自由意志。人类有责任照管万物。人类的角色是大自然的帮手。因为我们可以研究这个系统，而动物们做不到。"他举了个例子：在意大利鹿和野猪过多的地区，人们没有杀猪杀鹿，而是重新引入了狼。"他们请狼来平衡生态系统。"他微笑着说。又露出了牙缝! 我太喜欢这条牙缝了。

我跟他说起另一个典故：人们曾把印度的猫鼬带去夏威夷，用来整治甘蔗田里的老鼠。但人们忽略了一点：老鼠是夜间活动的，而猫鼬是昼行夜眠的。结果，猫鼬只吃了几只老鼠，却吃掉了很多很多的海龟蛋。

"是这样的，好吧，"卡洛神父伸手去拿他的公文包，他要去赶火车，"在世间复杂的系统里，我们无法预见每一次行动的后果。所以我们必须谨遵审慎的原则行事。"

这句话值得一声"阿门"。关于意大利的狼，我后来看了资料，它们确实有助于降低鹿和野猪的数量。它们业绩卓越，不断繁殖，继而转向，吃起了牧场主饲养的牲畜。于是，牧场主们开始鼓动大家捕杀狼，总是这样。用国家野生动物研究中心公共事务专家盖尔·基恩的话来说："涉及野生动物的问题时，我们好像制造出了很多人类自身的问题。"

要说谁最明白治理野生动物的两难，谁最懂如何定夺，那肯定在我的下一站——可爱的岛国：新西兰。

第 14 章　**善意的杀戮**

　　　　　　　谁管害虫的死活？

在企鹅聚落里生活，你肯定学不到谦逊之礼。你做的任何事情——交配、打扮、把鱼扔给自家孩子吃——都得在邻居们的众目睽睽下进行。黄眼企鹅没有这些烦恼。为了避开其他黄眼企鹅的眼目，它们在沿海的草丛中筑巢。与人类的郊区居民一样，因为想有自己的空间和隐私，就要付出更长的通勤时间。每天傍晚，新西兰奥塔哥半岛的黄眼企鹅从海上捕食归来，都要穿过整片海滩、攀上整片灌木丛、在陡峭的悬崖上艰难跋涉，才能回到家。

你可以在榆树野生动物旅游公司的私有保护区内隐蔽的观察点眺望黄眼企鹅的下班高峰盛景。今天的游览由榆树公司的运营经理、冷笑话大王肖恩·坦普尔顿带队。肖恩很年轻，剃光头发的脑袋都晒黑了。他那双棕色的大眼睛让我想起海豹的眼睛，不过这种联系可能只限于今天下午：这儿的一些海滩上曾有很多鳍足类动物，就像科尼岛上也曾人丁兴旺。

刚过下午5点，第一只企鹅的身影出现了，身子随着颠荡的波浪起伏。它尽可能让海水推动自己，上了岸，它站起来，以黄眼企鹅匆忙赶路时特有的谨慎步态穿过海滩。在环绕海湾的石崖底部，它开始向上攀越，那一连串落脚点显然是经过考量的，它弯腰前倾，停顿一下，屈起膝盖，再向上跳，攀上每一英寸都要动用它全身的力量。

这就是为什么——至少是部分原因——黄眼企鹅是全世界极度濒危的企鹅种类。孤立的巢穴，往返所需的漫长道路完全暴露在天光下，都为掠食者制造了购物、用餐的机会，除了自古至今的天敌海豹和海狮，还有新落户的对手白鼬（在美国被称为短尾黄鼠狼）、老鼠和野猫。如今，全世界只剩下大约4 000只黄眼企鹅，其中的43只就住在这个海湾。白鼬已在这片海域吃掉了3只小企鹅，这是他们确凿知晓的数字。肖恩一直在追踪企鹅的情况，因为他大多数时间都在这里，也因为榆树公司为黄眼企鹅基金会的保护工作做出了很大贡献。

黄昏已降临，企鹅们差不多都回家了。现在，我们观察的是海狗。

"你看。"肖恩指着几块散落的骨头：两条梭鱼的头和骨刺，还有一些残骸，看轮廓能猜得出是某种章鱼。"一滩让人无法忘却的海狮呕吐物。"海狮吃猎物时是连骨带肉一口吞的，之后再把不能消化的东西反刍出来，和猫头鹰一样，但没有猫头鹰吐得整洁。我们很高兴地注意到：这一滩里没有出现企鹅的残骸。

肖恩以导游为生，但要说副业，他更像是自然主义者。我不知道这种称谓的确切定义，但在我想来，如果你发现自己会把"令人难忘"这样的词用在任何种类的动物的呕吐物上，你应该就算是自然主义者吧。对黄眼企鹅来说，这20年是堪称灾难性的时段。肖恩解释说：人类抢占了它们的栖息地，还用很多渔具缠住了企鹅，这还不算，最近还有很多企鹅死于疾病——禽类疟疾和禽类白喉——以及饥饿。随着海水变暖，它们吃的底栖鱼类渐渐移向更远的海域，进入更深的冷水区。黄眼企鹅可以潜得很深，但没有那些鱼现在的生活区域那么深。不过，也许比白鼬之类的非天然天敌潜得深。

如果按照目前族群数量减少的速度，黄眼企鹅可能在10年或20年后从地球上消失。在这里亲眼看着它们时想到这种预言，你很难不震惊。我们将会失去什么？去看看它们就知道了。糖果红色的喙，粉红靴子般的小脚，向后倾斜的黄色眼罩。它们俨如闪电侠，或是20世纪70年代的摇滚明星大卫·鲍伊！我倒不是说可爱的、值得炫耀的物种更有价值，或是在某种程度上更值得关注。就……太可惜了嘛。

在高高的悬崖上，一对企鹅夫妇正在互相问候。一听那种喧闹声就知道了。毛利人给黄眼企鹅起的名字是hoiho，意思就是"大嗓门"。你会很想劝它们，嘘，轻点儿声。白鼬会听到的！它们会等到你们离开，再来吃你们的娃。

这儿遇到麻烦的不只是黄眼企鹅，任何不会飞的新西兰物种（包括很多仍有翅膀的物种）都有麻烦了。几千万年来，新西兰群岛上都没有土生土长的陆地捕食者，所以来到这儿定居的鸟类不再需要迅速逃跑。一些鸟类的翅膀逐渐停止了进化，将能量用在对生存更有帮助的地方。然后，掠食者出现了——都是偷渡者和人们从其他大陆引入的物种。每年，入侵物种会处决大约2 500万只新西兰本土鸟类，其中最有名的是几维鸟，还有鸮鹦鹉、蓝鸭、蓝企鹅和啄羊鹦鹉（亦即我们在第11章提及的吃腐肉的山地鹦鹉）。白鼬称得上高效的杀手，而且随时都能爬上树，它们非常喜欢吃蛋，但也会处决、吃掉雏鸟。举例来说：每年约有40%的北岛褐色几维鸟的雏鸟死于白鼬之口。

这些白鼬啊，谁请它们上岛的呢？

这个故事要从兔子说起。回到1863年，当时新西兰有好几个适应环境协会，奥塔哥协会里的一些思乡心切的欧洲定居者将6只兔子放生，让它们生活在奥塔哥的乡村里。他们的理由是：希望"运动爱好者和自然主义者能在这类活动中一解怀乡之苦"。

随后发生了什么？用一位地主的"兔子算法"来概括就是：

2 × 3 = 9 000 000，略有夸张，却非常精辟。3年，2只兔子，最终就出现了900万只兔子。到了1876年，奥塔哥的大部分地区都被兔子占领了。在这里，兔子没有天然的陆地天敌，温和的气候又延长了繁殖季节。兔子把羊群的牧场吃得干干净净，羊只能饿肚子。超过一百万英亩的奥塔哥牧场地因此废弃。

到了1881年，政府官员开始采取措施，通过了《除兔害法》，雇用督查野兔的专员和"猎兔人"来射杀、毒杀野兔。政府还从欧洲把白鼬和雪貂水运过来，把它们放到新西兰乡野，这近8 000只"兔子的天敌"还受到了法律的保护。

但兔子只是白鼬食谱中的一道菜。这种圆筒形的凶猛猎手很快就开始猎杀鸟类：鸟蛋、雏鸟，连小的成年鸟都不放过。种族灭绝就这样开始了。截至2019年，79%的新西兰陆栖脊椎动物被列为受到威胁，甚或面临灭绝的高危物种，其中包括78种鸟类和89种爬行动物。

2012年，新西兰政府再度出手。他们曾经进口和保护白鼬，现在却要努力摆脱它们。《2050年无捕食者（PF 2050）》是自然保护部（DOC）为保护本地生物多样性推出的一项决策，旨在根除威胁最大的三种入侵性捕食者：白鼬、老鼠和刷尾负鼠。(DOC的目标是在2050年前完成这项工作。)经过积极的宣传，新西兰人已投入这项运动。不管在哪个国家公园的游客中心逛一圈，你都能看到《2050年无捕食者》的宣传展，有专门介绍情况的小册子，写满了令人担忧的数据，还有白鼬标本——它呲着牙，霸道的爪子下是几只被虐过的鸟或是劫来的鸟蛋。

所有城镇都铆上劲了。在DOC的倡导下，镇民和农民设置了数以百计的陷阱。人们会在每个月的新闻信里分享各自捕获害兽的成功案例和诀窍,信末还会致以"捕猎快乐"。

今天,我们不仅观赏了奥塔哥的鸟类,还参观了用于保护它们的各种型号的DOC捕兽器。诱惑不同捕食动物的手法不尽相同,"野猫喜欢鲜肉,"肖恩说,"所以你需要频繁地上新鲜的饵。"

地球上大多数地方都会有些野猫,但在这里,野猫的数量可远不止"一些"。为了处决野兔,野猫是和白鼬、雪貂一起被大量放养到乡村的。事实上,还不如说它们当初是被养殖而用于杀兔大业的。野猫供不应求时,有些但尼丁小伙子们会得到征召,满城搜寻,以求偷到一些家猫。

因此,在如今的游客中心和博物馆里,你还经常会在奸猾的白鼬边上看到野猫的标本,猫肚子边会有些小玩意儿:小爪子、羽毛和骨头,都保存在丙烯酸树脂中,酷似某种吓人的纸镇纸 —— 我倒是很想放几个在自己的书桌上。

上坡走回厢式货车的路上,我们经过了DOC"弹药库"里的新设备:可以自动复位的Goodnature A24捕鼠器。诱饵放在短管末端,短管前面有一根可收缩的细长金属棒。老鼠头推动金属棒时就会触发活塞击出,活塞是由二氧化碳罐推动的。也许你还记得《老无所依》中哈维尔·巴登饰演的杀手用了一种不太寻常的杀人武器,这款捕鼠器用的就是那种机制。

白鼬是出了名的难捕。"它们不喜欢把头伸到什么东西里去。"肖恩说。那么,为什么要把诱饵放在短管末端,做成陷阱呢?因为只有这样设置,头部 —— 更确切地说是脑部 —— 才会被置于瞬间致命的位置。

毛茸茸的罪犯

新西兰致力于消除入侵捕食动物，但也致力于人道的除害方式。在这件事上，没人比布鲁斯·沃伯顿的贡献更大了，我明天就要开车去基督城拜访他。沃伯顿不仅协助设计更加人性化的捕兽器，起草针对捕兽装置的动物福利标准，还主持了这些捕兽装置的达标测试。显然，他是唯一与国家害虫控制机构和国家动物福利咨询委员会都有专业合作的新西兰人。

所以，那些兔子最后怎样了？经过不懈的努力、抵抗和繁殖，它们过得相当不错。哪怕有白鼬、野猫和猎兔人，它们还是幸存下来，甚至从澳大利亚走私运来的兔子出血病毒都没能置其于死地。肖恩说，他今年看到的兔子比以往还多。因为兔子多到吃不完，白鼬族群也旺盛不息。肖恩在驾驶座上扭头对我说道："白鼬的数量激增。"这辆厢式货车正带我们离开这个美丽而令人心醉的地方。

萨曼莎·布朗是一位年轻的生物学家，鼻子上有雀斑，新西兰口音很悦耳，在如何快速"杀生"方面学识渊博。萨曼莎是布鲁斯·沃伯顿的同事，他们都在新西兰皇家科学院土地环境保护研究所工作。他们在基督城郊区有个分所，专攻生物多样性和可持续性的研究。也就是说，环境保护专业的学生们会在这里找到很多前途光明的工作机会。不过，当他们听到陷阱测试的时候，说不定会觉得工作的吸引力瞬间降低了。

等沃伯顿到来的时候，萨曼莎播放了一段在几英里外的测试设施拍下的视频。本周没有安排测试，这让我觉得三分失望，七分解脱。我很欣赏，也很尊重这个团队所做的一切感人至深的优异工作，但我不确定自己是否想看测试现场。对于有些事情，我也不喜欢把头伸进去看。

设置很简单，三脚架上的摄像机面对着观测点。有个人拿着秒表在黑暗中等待，我很难揣测他当时有何感受。萨曼莎指了指视频下方的读数："你可以在这儿看到时间点。"一旦陷阱被激活，观测者就会摁下秒表。就致命的陷阱而言，人道主义完全体现在速度上：没错，致死的速度，但更严谨地说是进入无意识状态的速度——失去一切感知和感受力。

"这是对北领地用的一款野猫诱捕器的测试。"萨曼莎说。SA 2 Kat捕兽器不仅用于捕杀野猫，还能捕杀刷尾负鼠。这种负鼠原产于澳大利亚，19世纪时为了开展兽皮贸易，人们把它们带到新西兰放养。它们在新家园茁壮成长，不断繁殖和蔓延，吃掉了、破坏了大量本地鸟类栖息的树木。刷尾负鼠每天晚上能消耗大约21 000吨树叶和嫩枝，不仅如此，它们还喜欢吃蛋。

屏幕显示的时间以1/10秒为单位，递增的速度快得让人看不清，当然，除非你就在陷阱里。我和萨曼莎安静的坐等，前半分钟充斥着"别进去"的念头，接着就是可怕的一幕，它进去了。萨曼莎的一个同事冲进了画面。我还有点希望他是去把实验动物放走的，或许不得不那样做。萨曼莎开始担任旁白："这是格兰特，他正试图观察这一侧的头部，触碰这一侧的眼睛。"他在检查眼睑[①]眨眼反射。反射消失，动物就失去了知觉，秒表就会被按停。

视频中的测试陷阱用到了一根金属棒，弹起来时会夹住动物

[①]眨眼反射的测量结果是通过贴在眼睛下方轮匝肌上的电极获取轮匝肌的肌电（EMG）信号而获得，通俗来说就是眼睑。针对身体上的每个部位都有特定的医学术语。膝盖的背面叫什么？腘肌。耳垢叫什么？耵聍。大脚趾的学名是 Hallux。Mental protuberance 的原意是"由于背诵太多拉丁文而形成的颏隆凸"，对不起，就是俗称的"下巴"。

的脖子。虽然用这种方式可以折断家鼠，甚至田鼠的脖子，但落入这种陷阱中的大型动物实际上是被扼死的：金属棒钳住了颈动脉，令大脑里的血液和氧气断流。窒息也起到了辅助作用，因为金属铁条也可能扼住了气管。和扼死一样，窒息也能达到致死的目的，但需要更长的时间，因为它切断的是吸入的空气，而不是血液的流动。血液继续循环，因此，血液中的氧气需要一段时间才能耗尽。有了这种精心设计的陷阱，猎物在40~50秒后就会失去意识。（除了昆汀·塔伦蒂诺，大多数电影导演都把勒死的时间加快到5或10秒，因为，时间再长一点的话，谁愿意看呢？）

还有一种更快、更仁慈的致死方法：直击头部。为了达到结束生命的目的，能与射入大脑的子弹相媲美的人道手段少之又少；因此，美国兽医协会（AVMA）在其发布的指导手册中将"瞄准到位的枪击"列入"可接受的安乐死方式"[1]。事实上，全世界第一个人道主义诱捕装置就是以枪口直击脑部为特色的。1882年，得克萨斯州弗雷多尼亚的詹姆斯·亚历山大·威廉姆斯凭借直立在木框中的左轮手枪获得了美国专利号269766。专利文件的附图显示枪管指向刚从洞穴中冒出头来的某种啮齿动物。害兽踩到杠杆，杠杆扣动扳机。光是看专利说明书，你并不会感到威廉姆斯先生

---

[1] 斩首也一样。人道主义确实是"断头台先生"的初衷：发明断头台的是法国人约瑟夫·伊尼亚斯·吉约丹医生，因此法式断头台的名字就是"吉约丹"。科学用品目录里曾列出一种叫作"小动物吉约丹断头台"的装置。现在你顶多只能在网上买到二手货，大概是因为这种装置引发了负面关注。毕竟，不管断头台设计得多么人道，终究是要砍下一颗脑袋，这确实让人难以消受。现在，我要说的是，如果你想在 eBay 上出售二手啮齿动物断头台，看在上帝的份上，请你在拍照前先把刀片清理干净。

很关心安全问题，或人道主义，甚或控制鼠类，"这项发明也可与门或窗联动使用，可以处决任何打开门窗的人或动物"。

那么，为什么SA 2 Kat捕兽器的制造者没有尝试直击头骨呢？因为符合人道精神的头部打击需要仔细地定位。钳制颈动脉不需强求身体的大小和位置。而且，萨曼莎说，如果要让铁棒击出足够的力量，完成致命且人道的一击，就势必涉及（对人类而言的）安全问题。那就需要用很大的力气去拉动金属棒，以便设置这个装置，如果棒子半路松脱或弹开，刚好击中某人的手指，就会导致骨折。

人道捕杀白鼬器是被设计为直击头部的。这是因为这种动物的脖子异常强壮，肌肉发达，厚厚的肌肉足以保护动脉。而且，这些肌肉一用力，白鼬就能从陷阱中逃脱。

萨曼莎点击了一个链接，又播放了一个名为"改良版维克多"的白鼬陷阱测试视频。所谓改良版，就是（沃伯顿）改造了经典的木制维克多捕鼠器，用于人道捕杀白鼬。装置的造型是在饵食上方用螺丝固定一只成型的塑料罩子，或称护罩，以引导猎物的头部从恰当的方向探入，并深入到恰当的位置。金属杆会在耳朵的高度横向出击，萨曼莎说，猎物几乎就在瞬间失去意识。

"你看得出来，它的腿脚已经不听使唤了，"针对刚刚收悉的信息，我的大脑做出了更仁慈的转译，"看，这就是19世纪40年代的女士们为保持优雅而披挂的那种皮草围巾。"

22岁那年，我住过一栋老鼠肆虐的公寓楼。我的室友是平面设计师，她用德国哥特式字体写明老鼠死亡数量，贴在冰箱门上，我搬走时，计数已达32。房东不许我们养猫，所以我们就买捕鼠器——经典的、廉价的木制维克多捕鼠器——设置和处理这些捕鼠器都是我的事儿。我摆弄陷阱时没有多想什么，我以为，只要逮住它们，这些机关就能置其于死地，因为夹子会击中老鼠的头部或颈部。所以，我总是被夹伤后逃窜到其他地方的老鼠吓一跳：有一只老鼠从侧面进入，被夹住了肩膀；还有一只临阵脱逃，却在后退时被夹到了鼻子。

加拿大圭尔夫大学的生物科学家乔治亚·梅森对各种啮齿动物控制方法的人道化程度做了一番研究，根据她那份彻底而不懈的对比报告可知：使用维克多夹鼠器时，出现这种情况的概率是4%。实际上，这个结果是相当不错的，因为根据梅森的说法，竞争品牌产品在57%的情况下只会夹到老鼠的腿或尾巴。梅森在圭尔夫大学内的坎贝尔动物福利研究中心研究行为生物学，她的这份比较研究发表在《动物福利》杂志上。她就是加拿大的布鲁斯·沃伯顿，她实在太优秀了。

最近，维克多公司开始销售自家版本的"沃伯顿改良版维克多"：名叫快杀（Quick-Kill）[1]的鼠夹器，我会推荐这一款，但很失望地看到他们在2019年的产品目录中继续销售胶水捕鼠贴[2]。被粘

---

[1] 别把这个和维克多杀得净、杀得快、杀得巧或强力杀等诱捕器相混淆了。所有这些都有各自的商标。维克多公司的法务部基本上已为整个小型啮齿类动物世界里的杀戮方式申请了商标：Kill Bar、Kill Gate、Kill Vault、Kill-Point、Multi-Kill，如果他们的产品目录可信，那么连 Multi-Kill 都属于维克多公司拥有的商标。

[2] 有一本书名为《无鼠生活》，图文并茂，共 44 页。有些害虫控制公司已用上了这个说法，好像有没有老鼠也算你选择的生活方式，或是去康复中心之类的事情。别人说"我吃无麸质食品""我们家无烟"，现在你可以说"我已经六年无鼠了"。

住的老鼠只能忍受长时间的煎熬，还如梅森所写的那样，试图逃生的老鼠很可能扯下皮肉，甚至自断残肢。专业的害虫控制人员应该每天检查陷阱，只要捕到老鼠，就要当即实施人道主义毁灭，但维克多和其他厂家仍在网上售卖老鼠贴，谁都能买到，但哪个房主会亲自去打扫战场？因此，数以百万计的老鼠被粘住，困在原地，慢慢地死于脱水。梅森说，那些在一开始的挣扎中把口鼻粘在托盘上而窒息的老鼠们反倒幸运一点。

老鼠贴在新西兰和欧洲部分地区属于非法产品。我给维克多公司的产品经理发了电邮，询问他们公司有没有打算停止销售老鼠贴的计划。你肯定不相信，但她真的没有回复。

有人推开了萨曼莎办公室的门，正是沃伯顿本人，手里抱着一箱捕鼠器：他几十年职业生涯的精华所在。他放下箱子与我握手时，箱子里叮当作响。沃伯顿有一种和蔼又狡黠的风范，他不会刻意让每个人都喜欢他，但我猜，每个人都会喜欢他。他也是个有趣的混合体：既是动物伦理学家，又是猎人。我问他怎么会参与人道主义事业的，他说，一开始是因为新西兰防虐待动物协会有兴趣研发一种符合人道主义精神的新型负鼠捕兽器，希望新型捕兽器能够取代特别不友好的夹腿式捕兽器——重点是：锯齿夹。(负鼠至今仍会因其皮毛的商业价值而遭诱捕，因为皮毛可以被纺成羊毛。)[1] "他们先是把它送到林业部长那儿，部长说，'好吧，这个

---

[1] 美利奴羊毛(Possum merino)是一种手感很柔软的混合羊毛。我第一次去新西兰时就买了一副绿色美利奴羊毛手套。在我的想象里，一群负鼠像绵羊一样被圈养、被剪毛。后来，沃伯顿跟我解释了：负鼠的绒毛太短，没法剪，通常是用脱毛法。脱毛法要用到某种尸检用的化学脱毛剂。我仍然会戴那副手套，但幸福感已大打折扣。

捕兽器有多好呢？'接着他就来找我们了。"他说的"我们"就是土地环境保护研究所。

我想，我对"有多好"兴趣一般，但对"为什么好"更有兴趣。于是，我重新表述了我的问题。

"我的意思是，它们是害兽，"沃伯顿说，"但也是有知觉的动物[1]，它们有忍受痛苦的能力。我们有责任费点心，好好考虑这一点，把它们的痛苦降到最低。这是我的原则。"

沃伯顿的箱子里的捕兽器大多是机械式的：机关被激活后引发重击。我最近研读的那些新奇装置在哪儿呢？来新西兰之前，我曾和一位PF 2050的研究人员谈及他们正在开发的针对白鼬和老鼠的二氧化碳人道陷阱：动物进入管道后会穿过一束红外线，触发两端的门关闭，同时释放二氧化碳。

人们普遍认同：在适当的浓度和流速下，二氧化碳可以人道地处决动物。二氧化碳是AVMA认可的动物安乐死方式之一。野生动物控制人员用生擒陷阱活捉加拿大鹅后，或在某户人家阁楼上逮到浣熊后，它们要去的下一站可能就是二氧化碳密室。控制人员可能不会向房主提及这一点，房主也可能不问，因为他们宁愿相信官网上提到的"人道"一词意味着野生动物将被带到某个阳光明媚的林地，并被放生。（这可能比用二氧化碳更不人道，想了

---

[1] 根据新西兰《动物福利法》的定义，"有感知力"适用于一切有神经系统且有足够脑力的动物——其神经系统可以将布置在身体周围的传感器制造的刺激传递给大脑，其大脑的进化程度足以将这些信号转化为可感知的感觉。也就是说，包括了所有脊椎动物，加上章鱼、乌贼、螃蟹和龙虾，但——我很欣慰地告诉大家——牡蛎不算。

解个中详情,请参考本书最后的篇目:《毛茸茸的闯入者:业主备忘录》。)

用二氧化碳是否符合人道精神?2018年的AVMA人道终结研讨会再次辩论了这个议题。每年11月,这个动物安乐死研讨会都会在芝加哥附近举办。很吸引人!因为有个两难的问题。导致生物体呼吸困难的是血液中二氧化碳含量的升高,而非低氧。为了避免呼吸困难和恐慌,你会希望快点结束。但是,浓度和流速要高到一定程度才能达成这一点,这时,二氧化碳与黏膜接触时可能会形成一种酸,动物就可能出现烧灼感和窒息感。想要两全其美就有点棘手。

人道终结领域的另一种新装置是电子陷阱:带有双层电板的盒式诱捕器。动物一走进去,上层的板子就会倾斜,与下层板接触,形成回路,将电流导入动物体内。沃伯顿测试过一款为负鼠设计的这类装置。他说,就动物福利而言,成功率有高有低。"电板干净的时候,效果很好,但一旦有点脏污,就会把动物的脚腕烤熟。所以不能说非常完美。"沃伯顿与我一样,似乎挺反感委婉用语和双关语的。他的话不冒犯人,只是很直接。口吻很平淡,声音很低。在接下来的几页中,我都不需要用感叹号了。

乔治亚·梅森把市面上能买到的一种"微波灭鼠器(Rat Zapper)"也纳入了比对范畴。两千伏的电压,两分钟(测试开始时,房主会收到一条短信:"有老鼠被捕了。"浪漫的晚餐也必定泡汤)。电击致死是靠扰乱心脏和膈肌的正常运动而实现的。这是一种因心室颤动和呼吸窘迫而导致的死亡,两者都会使大脑缺氧。肌肉收缩是如此痛苦,以至于对牲畜实施的人道电刑要求在电击

毛茸茸的罪犯

身体之前，或在整个过程中，先让电流穿过大脑以诱发昏迷。尚不清楚这些捕兽器是否也能做到这一点。

梅森将一款设计得不错的电子捕鼠器与一款不错的夹鼠器并列，作为最符合人道精神的合法处决啮齿动物的首选项，主要是因为这两种诱捕器都能快速处决老鼠。新西兰对人道捕鼠器的限定是这样的：要在三分钟内致使猎物进入不可逆的无意识状态。看完两个捕兽器的测试视频后，我惊讶地发现三分钟简直漫无尽头。沃伯顿听到我对萨曼莎这样说。

"三分钟还不算太糟，"他说着，把捕兽器放回盒子，"用毒药才是真糟糕。"这就要谈及丑陋的现实了：要预防白鼬、负鼠和老鼠造成物种灭绝，PF 2050项目更多是靠空投毒饵，而不是靠老百姓热火朝天地诱捕害兽。考虑到捕食本地鸟类的某些生物的数量和偏远程度，也不可能仅靠诱捕将其全部捕杀。只要你不能把它们全部消灭，它们的数量就会迅速反弹——尤其是老鼠。

新西兰DOC一直在研发更好的毒药：能人道毁灭害兽的毒药，能处决目标入侵物种而非其他生物的毒药，不会在土地，以及生活在这片土地上的其他生物体内积存的毒药。测试毒药就是土地环境保护研究所的分内事。沃伯顿说："这对研究人员来说是非常艰苦的。"这对被测试的动物来说也很痛苦，因为这种测试要耗上几小时或几天，而不是几分钟或几秒。

毒物测试点就在测试诱捕器的设施附近，距离土地环境保护研究所的办公室有一小段车程。沃伯顿已经拿好了车钥匙。"你想看看吗？"

如果你用"L药片"做关键词搜索图片，网络会给你展示出许多标有L字母的低剂量阿司匹林的特写照片。这让我哑然失笑，因为我感兴趣的L药片是给面临酷刑、可能泄露绝密情报的二战特工用的那种毒药。L代表的是致命（lethal）的意思。L药片含有氰化钾，中情局的前身OSS选用氰化物是因为它能快速终结生命，也很容易掩藏。

综观各种啮齿类动物毒药时，乔治亚·梅森将氰化物列为最人道的一种。它能抑制中枢神经系统的活动，干扰血液向细胞输送氧气的能力，造成一种化学窒息。梅森引用了两份关于摄入氰化物的新西兰的研究报告，其一表明，负鼠在一分钟到一分半钟后就失去了知觉，另一份报告称需要五分钟左右。在失去知觉前的那段时间里会出现肌肉痉挛的现象，应该是很痛苦的，还会有抽搐。由于抽搐发生在脑电图显示已失去意识之后，所以，动物不会感知到那些抽搐。

然而，旁观者能感知。事情呈现出什么样子，这一点很重要。当各州用"药物鸡尾酒"处决死刑犯时，他们通常都会选用一些麻痹肌肉的药物。他们是希望麻痹呼吸肌，还是更在意攥紧的拳头、龇着的嘴和痉挛、抽搐的肌肉？我向长期在死囚区工作的联邦公设律师助理罗宾·康拉德提出了这个问题，她曾任死刑信息中心研究及特别项目的总监。她说，州政府确实有这两方面的顾虑，但她个人认为，是的，他们想方设法地避免令人不悦的观看感受及其可能引发的抗议。

抽搐在视觉上令人不安，这就是名为Avitrol的驱避惊吓剂的使用机制。农民们是这样用的：把这种化学品以小比例掺入饵食——可能小到1:100的比例——撒在田里。谁倒霉谁才会吃到，吃了以后就会飞到空中，拍打翅膀，尖声鸣叫，很快就会剧烈抽搐，坠地而亡。别的鸟看到这情形，势必受到惊吓，仓皇逃离这片农地，这就是惊吓剂的效用原理。

1975年，安大略省的环境部长宣布，只有被证实符合人道主义的杀虫剂才能在该省合法使用。虽然Avitrol被用作惊吓剂，但它实际上是一种毒药，因而也被列入测试范围。渥太华大学的结果报告说，抽搐发生在脑电图显示意识开始减弱的时间点之后，那种意识消失类似于使用分离麻醉后的状况。研究小组判定Avitrol符合人道标准，但也发出警告，说科学证据"永远改变不了那些只看效果的人的观点"。

关于这一点，他们所言极是。油管（Youtube）上有一个视频（现在可能已经没有了），拍的是一只鸽子食用了Avitrol。在评论区，有些网友认为这只鸟在受苦，还发了表示怜悯和愤怒的留言。（至少有些女性网友做出了这种表态。男性网友留言的思路大致是这样的："我去哪儿能买到这东西？""要是它们不在每一样东西上拉屎，就不会碰到这种倒霉事了。"）和同类鸟受到的惊吓相比，Avitrol受害者呈现出的戏剧性死亡图景似乎更让人类恐慌。与普通的惊吓装置进行对照研究后显示，这种化学品的效果是最后一名。

美国不少农场主都抱怨郊狼成了祸害，USDA野生动物管理局就代表他们实施了一种氰化物装置。初代装置是在20世纪30年代开发的，人称"人道除狼器"：埋在地下的氰化物喷射器，诱饵外伸至地面，拉扯诱饵就会触发机关。假设郊狼是用下巴去拉的，毒药就会直接射入狼口，俨如OSS发给间谍的氰化物药丸。

你就知道会有麻烦。在美国鱼类和野生动物管理局1940—1941年的一项研究中，除狼器在人道化、对非目标野生动物的伤害方面都优于夹腿式捕兽器——不管哪种都比那种好吧？但在那一年，除狼器殃及7头牛和24只宠物狗，因此沦落到了下坡路。在2013—2016年期间，被称为M-44的更新版本害死了22只宠物和农场动物，还在这些年里伤害了一些人，包括一个小偷——他误以为那是土地测量标记物。至少有一起相关诉讼正在审理中，已有四个州禁止使用M-44。氰化物，再见。

沃伯顿和我正沿着一排围栏向前走。围栏里大多是空的，有几只负鼠在悬空麻布袋里睡觉，他说，那会让它们想起妈妈的育儿袋。我们正在谈论一种常见而廉价的老鼠药，一种抗凝血剂。

小剂量的抗凝血剂可以防止血凝——比如，手术后躺在床上的病人（医生给我的兄弟瑞普开出华法林助凝剂后，他发短信给我："我要吃老鼠药啦。"确实如此）。大剂量的抗凝剂会干扰修补毛细血管微小破损——即循环系统的正常磨损——的凝结。服用抗凝血剂的动物会死于内出血，沃伯顿说，那种死法很难受。

他还补充说："根据出血部位的不同，还可能引发剧烈疼痛。"此外，那也是一种缓慢的死法，就啮齿类动物而言，需要1~3天，负鼠的话会长达一周。在美国，专业灭鼠公司或在岛上消灭威胁本地野生动物的啮齿动物的人员只能使用某些限定类别的抗凝血剂。

PF 2050不使用抗凝血剂。新西兰的入侵捕食者们得到的是空撒的浸过"1080"的毒饵。这可让我大吃一惊，我在第8章中已详述过，"1080"是二战的遗产。沃伯顿说，这种毒药对动物的影响——特别是对负鼠——在人道化谱系中处于中点位置。"它们会在最后几小时里感到恶心,但不算太糟糕。"(很早以前,丹佛野生动物研究实验室就已发现"1080"的影响因物种而异,有的动物会有"渐进性抑郁",有的则有"极其剧烈的癫痫性抽搐"——尤其是狗和其他极其敏感的物种。)

"1080"能毒杀各种哺乳动物和鸟类,造成的恶心程度各有不同。PF 2050的毒饵是经过染色的,因而对鸟类没有吸引力,而且,新西兰几乎没有本地哺乳动物——只有两种蝙蝠,它们对颗粒状的饵料都不感兴趣。《新西兰生态学杂志》发表过一篇文章,罗列了动物尸体的统计数据,文章表示死于"1080"毒饵的本地鸟类数量少到"可以忽略不计"——无论如何都不足以掩盖鸟类的天敌将被集体消灭而带来的福祉。

新西兰的本地哺乳动物可能是不多,但还有七种引入的鹿——那是由适应环境协会运来的猎物,至今仍是被狩猎的对象。但是,很多鹿都死于"1080"毒饵了。"执行"1080"投毒行动的人收到过猎人们发出的死亡威胁,"沃伯顿用迂回的方式把话说圆,"他们说"1080"对鹿很残忍,然后呢,他们自己朝鹿射箭。"他半笑不笑地说道:"我可以这么说,因为我就是个猎人。"为了安抚猎人又开发了驱鹿剂,并在一些地区的"1080"毒饵中添加了驱鹿剂。

"1080"的另一个问题在于二次中毒——让可能以白鼬、负鼠和老鼠的尸体为食的生物死亡或生病。最典型的例子是宠物狗,但啄羊鹦鹉——我们在第11章中提到过的山地鹦鹉——也以腐肉为食,也因此被毒杀。但啄羊鹦鹉是PF 2050要保护的本地物种之一。

因此，DOC现在还需要一种啄羊鹦鹉驱避剂。"实际上，这儿的研究人员下周就要把一些"1080"混入啄羊鹦鹉驱避剂，"正在进行调试的萨曼莎说道，她已经赶上我们了，"我们得确保负鼠和老鼠仍然会吃混合后的毒饵。"任何人都会同意，在毒饵中加入啄羊鹦鹉驱避剂是一件极好的事，除非有人和我一样——刚和一位毒饵口味测试者混熟。

刷尾负鼠毛蓬蓬的，没有粉红色的光溜溜的尾巴，也没有美洲负鼠的长鼻子。它们的眼睛在脸部的位置更靠前，就像人类或小猫或几乎所有你觉得可爱得不得了的小东西的眼睛。

"我知道，"萨曼莎注意到我撅起了嘴，"你很希望这样做能减少啄羊鹦鹉的死亡。"

我们走到另一组围栏边。"诺，这个小家伙，"沃伯顿说，"被喂了一阵子维生素D，学名称作胆钙化醇，现在大家在考虑让它替代'1080'。"负鼠对这种维生素D特别敏感，鸟类却完全不会。"但你也知道，它不是一种非常有效的毒素。它的效用是使东西钙化。"软组织、心脏。"而且需要相当长的时间，它们会停止进食。我们昨天还在讨论，该不该索性说'算了，我们不会再做任何试验了'。"

沃伯顿和我向萨曼莎告别后，前往停车场，开车返回土地环境保护研究所的办公楼。鉴于我刚刚看到和了解到的情况，新西兰公众对PF 2050持有如此热忱的信念，这委实让我吃惊。一次大型的"1080"投药操作可能覆盖8万公顷（近20万英亩）。有一本政府做的小册子说明了投药期间的注意事项，配图是一张网球场的模拟图，球场里有5处均匀分布的毒饵，画面看起来好像有人对费德勒下了猛招儿。按每公顷毒死5只负鼠来算，总共将有40万只负鼠死亡。谁知道还会有多少白鼬和老鼠的尸体。再算上一些鹿和偶尔误食毒饵的鸟。我最近看到一个用来描述"1080"空投后的场景的专用名词——"死亡森林"——这不是环保活动家的用语，而是美国农业部的某个人说的。

新西兰素来自诩以保护环境为己任，因而，我本以为"1080"会遭到广泛抵制。

"没人在意，因为空投是在森林里，而且是在晚上，"沃伯顿说，"如果是在白天、在牧场上，像这样的——"他歪了歪头，示意车窗外的牧场，"那就肯定不允许我们操作了。我认为这让我们得到了更多的社会认可，可能比我们应得的还多。除此之外，这些动物具有侵略性，这一事实也帮到了我们。媒体铺天盖地地告诉大家：这些动物属于害兽，它们正在吞噬我们的森林，处决我们的鸟类，这种说法基本上已得到了公认。"

不只是媒体，反捕食者的宣传也随处可见。新西兰国家公园的礼品店里出售有趣的"被压扁的负鼠巧克力"，形状就是在公路上被碾死的负鼠。一本卖得不错的儿童读物里画着一群濒临灭绝、凄惨的鸟类和一只长着鬼脸的白鼬不共戴天（"我们中的任何一员都不可能打赢它！我们死定了！"）。

沃伯顿不能接受人们仇恨白鼬。"白鼬是了不起的小动物。它们是不可思议的攀爬者，不可思议的猎手。它们能对付比自己大的动物。"让沃伯顿尤其不满的是人们的双标态度：对那些捕杀濒危鸟类的宠物，他们显然不会像对白鼬那样，尤其是宠物猫。"我讨厌猫。"[1]这位因在动物福利研究领域做出重大贡献而荣获新西兰皇家学会铜奖章的科学家如是说。沃伯顿希望有朝一日能把饲养宠物猫判定为非法行为。

"这事儿得祝你好运了，布鲁斯。"

"我的意思是，你养好自家宠物就好，但不能偷换概念。"否则，PF2050的真实含义就该定义为——2050年前消灭除了大量虐杀濒危鸟类的宠物猫、若不施以"几维鸟厌恶训练"就处决成年几维鸟的宠物狗之外的所有捕食动物。这好像对负鼠和白鼬太不公平了。我不禁回想起来，我的丈夫埃德曾去想象负鼠之间会说些什么。为什么他们这么痛恨我们？为什么？我们都把可爱的绒毛给他们做手套了……

有没有新西兰人主张以不变应万变？什么措施都不做？

"有，"沃伯顿说，"有些人认为，只要你在足够长的时间里放任不管，自然界自然会找到一种新的平衡态。你会失去一些物种，但其他物种会适应。还有人说我们可以在某些限定的地方（对捕食动物）加以管控。"也就是说，在某个岛、或某个围栏区、或像奥塔哥半岛之类，那些地方有很多濒危野生动物（以及野生动物旅游业）需要保护。"还有不少人认为我们可以在整个岛国范围内把它们斩尽杀绝。"

沃伯顿不站队。"从实际的角度来看，我们没有能力把整个岛国上的问题根除干净。每公顷要花500~1 000新西兰元。你不可能

---

[1] 新西兰人说话很直。比如，在千层岩冲浪区的悬崖边上，有一块警告游客不要翻越栏杆的牌子，最后一句话是"别当傻瓜"。

在 2 600 万公顷的土地上进行地毯式除害，而且，老鼠很可能会卷土重来。"它们总能绝处逢生，从入港的船上逃到陆地。

我幡然醒悟：PF 2050 运动与古老的适应性社会在骨子里有很多共性。比如，都有一种愿景：希望周遭的天地一如既往，一成不变，对理想的、稳定的生态系统持有信念，但生态系统总是在不断演变之中。沃伯顿说："有些植物学家不喜欢鹿，因为它们会吃掉林下植物，改变森林的样貌。但我们也曾有过吃林下植物的恐鹿。"恐鹿有点像鸸鹋，但体形更大，而且很久以前就被猎杀到灭绝了。"因此，他们很想恢复一种处于'恐鹿后 —— 鹿之前'的森林体系。"

在新西兰南岛的部分地区，你时常能看到标明"野生针叶树！危险！"的警示牌。松树！威胁土地和生活方式！消耗稀缺的水资源！改变标志性景观！据我所知，这是注定要失败的事。最初，那些树是作为防风林而被栽种的，现在却到处都是，而且很好看！国家野生针叶树控制小组，请原谅我这样说。只是，划清界限实在太难了。该拯救什么？以什么为代价？昨天，我在海滩上已经打算不惜一切代价去阻止黄眼企鹅的灭绝。今天，我就没那么确定了。为了保护某些物种而杀害另一些物种，这让我的内心难以平静。

在某种程度上，事情一直都是这样进行的。毒药，也太 1945 年了吧？事到如今，难道还没有更好的办法吗？

第 15 章　消失的小老鼠

基因驱动的可怕魔法

谁都想吃小老鼠。鹰想吃，狼想吃，臭鼬、狐狸，连大老鼠都想。小老鼠营养丰富，一口一只，生理构造对食客非常友好：没有毒液或有毒的分泌物，没有刺，没有壳。小老鼠最大的心愿莫过于让自己去到一个安全的地方，而且要快。在这一点上，小老鼠干得很漂亮。它可以挤进一个和它的脑袋差不多大的小洞眼。积极上进的小老鼠可以直接跳到4倍于它身长的高度。换言之，假如我是一只小老鼠，就能一口气跳过20英尺高的墙，而且不需要助跑。我还能从自家邮箱的开口缝隙挤进去。

　　我看过那些研究报告[1]和录像了，在野生动物生物学家亚伦·希尔斯的电脑上看的，他在科罗拉多州柯林斯堡的国家野生动物研究中心总部，专心打造一个有效防止小老鼠逃逸的栖息空间：和一个房间差不多大，模拟了自然环境（可称为SNE）。今天早上，亚伦就在向我展示这个空间，其特色在于：每只老鼠都被植入一个ID芯片，SNE的地板是抬高的，下面安有芯片读卡器，确保每只啮齿动物的情况都能被记录下来。墙壁是很光滑（解释一下：老鼠无法攀爬）的塑料板，从外面用螺丝钉固定，这是为了防止老鼠跳起来、用爪子抠进螺丝头，俨如攀岩者用指尖抠进岩

---

　　[1] 编者注：上述资料都是史密森尼保护生物学研究所的威尔·皮特在为NWRC工作时记录的。被测试的那些小老鼠都能钻进直径13毫米的小孔来获取食物——也就是当地家鼠头部的平均宽度。没那么专业的证据来自于我的朋友斯蒂芬，她在一个炎热的日子里散步遛狗回家后，从卡车的地板上随手抓起水瓶喝了一口，觉得水里有股腐臭味，接着发现了瓶中有只死老鼠。"我觉得你不用看医生，"有个护士听完她的吐槽——确切地说是把水吐了出来——说，"但你可能需要一位心理医生。"纯粹为了帮我，斯蒂芬尽职尽责地回去测量了那只老鼠的头部：刚好就是水瓶口的大小。

毛茸茸的罪犯

石上几乎看不出来的突起。金属防水材料覆盖了SNE空间里的所有接缝，以及容纳SNE的外部房间的墙角填缝。因为，不管在什么地方，也不管是木材、塑料、煤渣块还是铝板，只要老鼠能楔入牙齿，就能啃出一个洞来。老鼠的门齿好比自带磨刀功能的凿子。内面比外面软，所以每次老鼠咬合牙齿时，下排门齿外面的坚硬珐琅就会磨掉上排门齿柔软的内面，把边缘磨利。啮齿动物（rodent）这个词来自拉丁语，意为"啃、咬"。老鼠们啃得又快又好，以至于必须透过牙齿的缝隙吮住脸颊的内侧，关闭气管，以防啃下来的锯末被吸入体内。

目前居住在SNE的老鼠没什么特殊价值或需要关注的理由。万无一失的安全措施都是为未来的那群居住者设计的：即将入住的小老鼠们会经过基因改造，只产生雄性后代。再通过基因驱动加以进一步改造，使这种特征的传播速度远超自然传播。不久的将来，相比于在某个岛上到处投毒，基因驱动很有希望成为控制入侵物种的替代方案。

像所有基因编辑一样，基因驱动也会让一些人感到不舒服——不仅是公众，还有不少科学界的人士。最有名的当属简·古道尔。因此，改造小老鼠的基因前，必须先测试它们的栖居地工程改造，确保它们只能待在里面，不会逃出来。亚伦的职责之一就是建造这样一个地方，并能确凿地证明：逃逸是不可能发生的。哪怕一只小老鼠都出不去。

"要不然，我就会上头条新闻了。"2017年，一只感染了高度传染性细菌的麋鹿从NWRC隔壁的USDA兽医服务部逃走了。"大家都以为它是我们单位的。"亚伦有一双淡褐色的眼睛，齐肩的红棕色头发今天被他束成了马尾。我这才意识到，我之前在前门看到的就是亚伦。警卫检查我的身份证时，就是他甩着高高的马尾辫，大步流星地走过去。他看上去像要撞破大门，现在我知道了，他只是一大早赶着去上班的员工。

若按威胁系数排名，家鼠在所有威胁、杀戮本地濒危动物的入侵物种中的排名并不高。对于岛上那些没有同类天敌的海鸟，鼠类才会成为麻烦，比如无休止地受尽困扰的中途岛信天翁。（2015年，野生动物摄像机拍到了可怕的一幕：信天翁坐着孵蛋，一群老鼠拥在周围吃它们。）

然而，选择家鼠作为基因驱动测试物种的原因并不是保护海鸟。选中它们，只是因为科学界很了解它们。如果不先对动物的基因组进行解码，你就无法去编辑和改造。此外，家鼠可以在几周内产下一窝孩子。基因驱动需要好几代的参与者，因此，满心希望能在退休年限前获得数据的研究人员们更喜欢这些能快速繁殖的小家伙们。

迄今为止，只有一只老鼠逃出了SNE。和电影里拍的越狱一模一样。这只老鼠深深地钻进给它们当垫料的锯屑刨花里，工作人员进来更换刨花时，它就和垫料一起被铲到了簸箕里，后来竟然还逃进了洗衣车！（但第二天就在围栏外的陷阱里被逮获）

眼下，SNE里很安静，小老鼠们都在睡觉。这是测试Goodnature A 24的部分流程，研究人员要看看这种诱饵是否对小家鼠也有效，并能符合人道标准。到目前为止，难题就在诱饵上。在郁郁葱葱的热带环境里，诱饵必须极其诱人①，否则就会输给天然的食物来源。亚伦递给我一瓶Goodnature饵食：看似巧克力椰奶的黏稠物，闻起来很香，但吃起来并不美味。我对亚伦说，感觉就像在吃防晒霜。

"你吃下去了？"他的表情完美融合了惊恐、困惑和怜悯。"你想来点口香糖吗？"

---

① 为了彻底剿灭关岛上的棕树蛇——这种入侵物种吞噬了很多本岛鸟类——美国政府用新生小鼠的尸体做诱饵（在养宠物蛇的圈子里也称其为"小手指"），并掺入对乙酰氨基酚（在止痛药界则称其为"泰诺"）。但小指头不便宜，而且，不出三天就会变得很难吃，甚至对蛇来说也是难以下咽的（"发绿……然后会肿胀、渗液、发臭，最终胀破"）。于是开启了长达15年的寻找替代饵料的工作。蛇不像我们那样咀嚼、品尝食物，所以，研发人员的想法是选用廉价的核心材料——先试用过海绵，再试了橡胶——再在外面裹上某种无法抗拒的诱蛇饵食。在费城的莫奈尔化学感官中心，他们试用了十几种能够裹在外面的饵料，包括罗克福尔奶酪、白蚁引诱剂、家禽脂肪、猪胎皮、月见草精油、婴儿配方奶粉，但都没能引诱到蛇。（研究人员布鲁斯·金博尔做好了心理准备：婴儿配方奶粉公司肯定会有所抵制，但他们都没意见。泰诺公司的人则保持了冷静的距离。）最终，赢家出现了：在罐装猪肉外面涂抹"老鼠黄油"。"我们反向设计了Spam午餐肉。"金博尔亲口对我说道，那份自豪感是很能理解的。午餐肉很便宜，至少可以保存一个星期，还不招蚂蚁——蛇和关岛人一样特别喜欢Spam午餐肉，谁也说不清究竟为什么。

另一个难题是：如何将诱饵放在树蛇所在（而其他生物不会去）的地方。"小手指"们被挂在了塑料降落伞下，俨如玩具军人，从直升机上被扔到树冠上，降落伞的绳索会勾挂在树枝上。多亏了纳税人的钱，这日子真好过。然而，事实证明这活儿太"乏味"了——要用手给每个诱饵接上六根细细的降落伞绳，而且……要覆盖整个关岛，大概也就要两百万个诱饵吧。现在，他们用的是"空投系统"：一种安装在直升机上的机枪，可以射出可降解的玉米淀粉线，将午餐肉诱饵缠吊在树上。

结果如何？棕树蛇已迅速消灭了关岛12种本土鸟类中的9种，但集结了美国海军、美国农业部、美国鱼类和野生动物管理局的联合力量进行打击后，这番努力至今未得到回报。

和许多人一样，我对基因工程及其可能的未来有些许疑虑。也和许多人一样，我对基因工程的工作原理知之甚少。今天下午，我打算进阶，哪怕只比"甚少"多一点也好。计划是这样的：我要与研究中心总部的野生动物遗传学专家会面，地点在楼上的长话厅（Long Speak Room），对一个政府会议室来说，这个名字也太有趣了[然而并不是——当我注意到门边的牌匾时才意识到，其实人家的本名是"朗斯峰厅（Longs Peak Room）"]。

现在，我到了大堂，等待陪我进去的员工。不用说，这儿也装饰了动物标本：一大家子僧侣鹦鹉，有的在电线杆顶端的巢里，有的围在巢外，姿态各异。这组立体模型占据了我椅子边桌的大面积桌面，迫使我把咖啡放在鸟群的正下方，画面顿生一种隐约的错乱感。

陪我进去的人来了，我们就一起走向楼梯。走廊上挂满了裱好的研究海报，还有看起来挺美的"有害"物种的彩色放大照片：鸬鹚、地松鼠、海狸。野生动物管理机构和害虫害兽控制网站也会展示这类照片，但总会让我觉得哪儿不对劲——好比联邦调查局用长得好看又上镜的联邦罪犯的头像来装饰走廊。

走进朗斯峰厅后，我在保护遗传学专家托妮·比亚乔旁边落座。她本人的基因也很棒，得到了优雅的颧骨、令人炫目的智慧、富有光泽的黑色卷发、深不可测的耐性。托妮向我介绍了一位年轻的同事，也是遗传学家，名叫欧凯文。

在论及基因驱动应该且能够达到什么程度之前，先容我颤颤巍巍地试着解释一下具体怎么操作。基因驱动包含两套独立的操作。首先进行的是基因改造，俗称转基因（GM），转基因生物叫

GMO，这部分内容是人们比较熟悉的，至少知道个大概。转基因是用基因编辑技术（CRISPR-Cas，或简称CRISPER）完成的。先选定一个目标基因，比如一种能让蚊子携带疟疾性状的基因，再用欧凯文所说的"分子剪刀"将目标基因剪下来，或加以替换。在这个假设的案例中，基因编辑是在胚胎生长的初期完成的，胚胎只有几十个细胞，这样修改后的基因组将被复制到之后新生的每一个细胞中。

CRISPR-Cas是一种天然的细菌成分，原本是作为细菌的适应性免疫系统，帮助对抗噬菌体的。这种防御系统包括一种内切酶，在DNA序列中进行剪切时会保留对菌体的记忆——也就是欧凯文所说的"分子条形码"。因此，如果噬菌体再来，其特定的基因序列将被识别、并被切割掉。基因学家已将CRISPR扫描和剪切系统用作一种精确定位和编辑DNA的方法。

"酶是怎么进到那里面去的呢？"我犯起了嘀咕。

"实际上是注射进入小鼠胚胎的。"欧凯文回答。

"比如，用超极小的迷你皮下注射器？"我好想目睹一番。

托妮插话了，显然想让谈话进展得更顺利。"方法很多。我们差不多是把胚胎浸没在培养皿里。"

酶就是这样进去了。它开始扫描，找到一个匹配对象，然后咔嚓，完工。

就是这样，简单地来说，你设法用剪刀、条形码阅读器和迷你吸毒工具成功地操纵了一群小老鼠的基因组。现在，这些小老鼠不能产生雌性后代。如果你把足够多的这种小老鼠放到一个被鼠族入侵的岛屿上，老鼠数量就会开始减少。

何谓"足够多"是个讨厌的问题。这就是介入基因驱动的意义所在。在正常的孟德尔遗传中，这种新性状会出现在50%的后代中，因为后代的一半基因是由雄性贡献的。基因驱动的目的催生偏向性机制，让这个基因100%地出现。因此，现在这些由基因驱动的小老鼠都会携带这种性状。一次成功的基因驱动将大大加快某个性状在整个族群中传播开来的时间。

吊诡之处在于：为了让经过基因驱动的动物取得足够的进展，让整个岛上的鼠类继承这种特性，科学家就不得不先放出大量老鼠。欲擒故纵。根据岛上入侵鼠类的总数量，可能要放出相当数量的实验室产出的基因驱动老鼠才能达到最终的制衡目标。因此，在基因驱动能够改善情况之前，暂时性的，反而会让情况恶化。第一步，就啮齿类动物而言，可能采用空投的方式——我们能不这样做就不这样做。名副其实的基因驱动啮齿动物空降部队被放到岛上后，就会开始扫荡。就这样，侥幸逃脱的，以及未来被引入的任何啮齿动物都会逐渐消失——它们再也不能繁殖增量了，也不需要再来一次大范围投毒。

到目前为止的事实已证明，利用基因驱动的方法有其微妙之处。基因驱动机制并不总能正确地复制目标基因。在胚胎发育过程中，能进行这种基因操控的窗口期似乎非常短促，早一点，胚胎就会死亡；晚一点，基因序列就不会改变。野生鼠类的性行为也可能构成障碍。最近的调查显示，野生鼠类中的多配偶制——也就是说，一窝小老鼠可能是多只雄性的后代——比以前人们以为的更普遍。因此，可能需要更长时间、更多的基因驱动才能彻底改变这个群体。

毛茸茸的罪犯

从更基本的层面看，还有一种可能性：入侵后成为常驻居民的鼠类未必会与新来的转基因鼠交配。自然界中，世界不同岛屿或地区的老鼠呈现出各自进化的趋势。虽不至于演化成不同亚种，但它们倾向于分头进化，各自的不同会导致它们不会与另一个地域的同类繁殖。"你在实验室里创造了这些小老鼠，然后还必须确保岛上的野生小老鼠们觉得它们挺性感。"说这话的是坐在我右手边的毒理学家凯瑟琳·霍拉克，我们之间隔开了几个座位。实验室小家鼠与野生小家鼠有着惊人的不同。"实验室的小老鼠只想坐在那儿，在你的手心里玩玩，"霍拉克回忆道，"但我第一次与野生小老鼠打交道时，心想：怎么回事？它想跳起来，把我的脸啃掉。"（由此可见，迫切需要高度安全的栖息地。）SNE的头等大事之一就是进行交配试验——既然人们希望控制入侵海岛的鼠类，就得先让基因驱动后的实验室小家鼠与野生小家鼠交配，创造出一种让入侵海岛的鼠类觉得性感的新款鼠类。

针对基因驱动生物，人们最担忧的莫过于它们刹不住车，数量反超本该由它们控制住的区域族群总数。不管它们在哪里出现，原住物种都会毫不犹豫地与其交配。假设，你创造出了一种基因驱动的"只生儿子"的野猪，其中一只与家猪交配了，那么，养猪的农夫就会很不高兴。这也是科学家计划从物理性隔离的种群开始实验的原因之一，比如一个偏远的、无人居住的岛屿，针对作为入侵物种的啮齿动物。（最理想的是没有船只靠岸的岛屿，因为老鼠是出了名的偷渡者。）

有一种方法可以避免这种情况发生。同样的基因漂变可以阻止来自不同地域的老鼠交配，这可作为一种安全功能加以利用。

遗传学家可以选定特定岛屿或地区的种群特有的基因条形码。"CRISPR就能确定下来，在只能在这个鼠群中发现的这个基因序列位置进行剪切，"托妮说道，"这样一来，就算有人心怀不轨地将这些老鼠运送到某个地方，"——或是它们自己偷渡到别的地方——"我们也不必担心它会迁移到当地鼠群中去。"还有别的令人欣慰的消息，比如，加州大学圣地亚哥分校的研究表明，停止乃至逆转基因驱动是可能达成的。2020年秋季发表的一篇论文展示了对果蝇成功操作的两种基因驱动控制新机制。

凯瑟琳·霍拉克的研究方向与基因驱动完全不同，也没那么令人焦虑：RNA干扰，或缩写为RNAi。可以用打哑谜的方式来解释：那是一种能致命的诱饵，但不含毒药。那是一种针对特定物种基因的解决方案，但并不修改目标物种的基因组。这就产生了极有吸引力的组合：既不影响非目标动物，对环境安全，又不会失控。RNAi基于所有生物体都有的一种机制：酶会四处寻找RNA病毒并摧毁它。所以，你可以选定一种对目标动物的生命过程至关重要的蛋白质，将其伪饰成RNA病毒，然后就坐等干扰机制去摧毁它。当然，对生命至关重要的蛋白质多达数百种。霍拉克要找的是一种能迅速终结生命、又不会带来痛苦的蛋白质，有可能在神经系统或心脏系统里。

RNAi诱引法面临的挑战在于，你要通过消化道的酸和酶来发送精巧的基因代码序列。霍拉克正在与生物化学家合作设计一种载体分子，这需要一段时间，而RNAi在环保署完成注册也需要很长时间。所以，想要在你家附近的连锁店里看到这东西，还要等上十几年。

这个方法非常新颖，但可能恰恰因为这一点，进展反而不会很顺利。霍拉克说："在我们这个领域，有很多关于可预知的风险和实际风险的讨论。抗凝血剂杀鼠药有实际风险，但更能让人们放心，只要吃得够多，什么东西都能被处决。不过，我们用老鼠药已经很多年了，那种程度的风险还是可以接受的。"（说是这么说，还要看在什么地方、对什么人群而言）"但RNAi的风险是前所未有的，所以，这种新事物会让人举棋不定。"

RNAi将不可避免地迎战所有依赖诱引的岛上物种清灭项目，那些负隅抵抗的入侵生物，那些从未见识过任何诱饵的啮齿动物。（或是那些见识过毒饵、咬过几口的老鼠，吃下去的不多不少，刚够它们觉得浑身不舒服，所以它们没有死，而是从此之后对毒饵退避三尺。）最终，负责清灭的机构可能会在最后10个入侵物种身上花费巨资 —— 追踪监测，看看会不会出现11个、12个、13个 —— 那将比他们花在消灭前10 000个入侵物种身上的钱还要多。眼下，加州的萨克拉门托 — 圣华金河三角洲就处在这个阶段，那里的海狸鼠数量激增。海狸鼠类似海狸，是一种会游水的大型啮齿动物，它们会把环境景观改造成它们想要的样子，因而成为不受欢迎的动物。但海狸鼠的繁殖速度比海狸快，属于入侵物种。为了揪出这些顽抗分子，加州鱼类和野生动物管理局曾动用了一些间谍：被阉割、被策反、戴着无线电项圈的"犹大海狸鼠"，它们被放归自然后，就会投奔那些深藏不露的亲眷们。

基因驱动将使这些啮齿动物从内部瓦解，自生自灭。没有死亡，没有痛苦，也不会殃及其他非目标物种。

然而……

以下是美国环保署、农业部和卫生与公众服务部判定为"害虫害兽"的一些物种：花栗鼠、熊、浣熊、狐狸、郊狼、臭鼬、飞鼠、树松鼠、小棕蝠、响尾蛇、珊瑚蛇、崖燕、乌鸦、家朱雀、红头美洲鹫、黑美洲鹫和疣鼻天鹅。

"这就是我担心的。"我对亚伦说。现在，我们回到他的办公楼了，正看着一排排的老鼠在堆叠起来的有机玻璃屋里，鼠族的《好莱坞广场》①。保罗·林德正在一堵墙边做后空翻。如果政府机构最终决定对这些所谓的"害虫害兽"进行基因驱动呢？如果决定哪些物种是下一个被基因驱动的是经济考量的结果呢？那会发生什么？再见了，囊鼠？永别了，"讨厌的海狸"？眼下，重点是岛屿环境保护。这个诉求显然更有吸引力，也不那么令人担忧：在地理上的孤绝之地拯救濒危物种。那么，假如你在岛上尝试，效果很好，本地物种恢复生机了，媒体一片叫好。然后呢？之后的界线划在哪里，由谁来划定？让我们记住：国家野生动物研究中心是隶属于美国农业部的，而非自然保护组织。"亚伦，这些事的终点——终极目标——是农业害虫？对吧？"

"关于这一点还一直在研讨中。"他默认了。

这就是让我害怕的地方。我们早有目睹：当决定性因素触及农业的底线时会发生什么状况。基因驱动会不会是过去几个世纪以来的投毒、枪击、诱捕、轰炸等各种清灭运动的一种更洁净的再现？

---

① 译者注：《好莱坞广场》是美国60—80年代的电视综艺游戏节目，喜剧演员保罗·林德和查尔斯·纳尔逊·赖利都是常驻嘉宾。

亚伦同意，不能仅从财务立场去做决定。"必须归结于道德。为了确保很多领域接受这一点，我们觉得我们已经采取了很多措施，我们也不打算去第三世界国家做试验。"但美国肯定不是唯一在哺乳动物中研究测试基因驱动的国家。如果我们在做，中国也在做。而中国在基因工程领域尚未展现出让人放心的、充分的监管力。

简·古道尔曾在GBIRd会议上呼吁暂停基因驱动研究，亚伦也参加了那次会议。GBIRd的全称是：基因生物技术防治入侵性啮齿类动物；是由美国和澳洲的五个政府机构和大学，以及非营利岛屿保护组织共同组成的联盟。我问他，古道尔的反对意见具体指什么。（我尝试过与她直接沟通，但没有成功。）

"我认为人们在意的是技术，以及人们用新技术展开实验的能力发展得太快了，要想减缓速度，唯一的办法就是彻底叫停，"亚伦说，"我觉得这想法很好。如果像简这样有声望的人表明了立场，人们就会停下来思考：也许我们需要先建立一些大家都会遵守的规则。"

是的，请求你们这样做。想象一下，如果用基因驱动的方法将一个物种从整个大陆上抹除了，而非仅仅减少其数量或地理分布。或者，一个生态系统以某种意外的、灾难性的方式被改变了。正是这类未知的情况在困扰一些生物学家。我和威尔·皮特谈了谈，他曾是NWRC的项目负责人，现在是史密森尼保护生物学研究所的副主任。他没有描述任何劫后余生般的具体景象，而是表达了一种普遍的警惕。"人们总是说，'我们已经想到了所有可能出现的问题'。那么，你没有想到的事情之一就会成问题。"

在最上面一排的角落里，查尔斯·纳尔逊·赖利正在用后腿尖点地表演旋转。看我们多聪明呀。看我们多会跳舞啊！别把我们消灭掉！就我个人而言，我讨厌让老鼠消失。对那些以老鼠为食的物种来说也一样。谁知道它们会扭头去吃什么毫无防备的小鲜肉呢？但我怀疑，在涉及小型啮齿动物方面，和我持同样意见的人并不占多数。我认为，就算全世界的老鼠灭绝，很多人的反应都不过是——可以啊。

"对吗？"

"你是说，去问一个有鼠患问题的农民或牧场主？"亚伦嚼着口香糖，思忖着这个问题。"你问的是，'如果让地球上的老鼠全部消灭，哪怕在一些它们有某种重要功能的地方，那会怎么样？'"

"没错。"

"是的，他们可能会说，'我不在乎'。"

亚伦认识一个农界大佬，地盘上有很多老鼠。那人叫罗杰，经营着一片饲料场，牛肉和乳制品企业会把牛送到这里来吃饭。根据养成的目的——为了牛奶、牛肉或繁殖更多牛——不同的牛会吃不同的饲料。但所有的饲料老鼠都喜欢。SNE需要野生老鼠时，亚伦就会开车去罗杰的农场。罗杰对烦人的啮齿动物及其命运如何肯定有话要说。亚伦同意午饭后开车送我去。

罗杰开着一辆推土机大小的铲车来迎接我们。他的牛仔帽是白毡帽，除此之外，上下都是普通的牛仔蓝。他下了车，伸出手。他握手的力道很大，但不像是那种经过礼仪训练、认为握手很重要的人。他握手的方式更像是个经常使用手工工具的人。"很高兴认识你。"罗杰说。

亚伦有一段时间没来这里了，所以他重新介绍了自己。"我知道你是谁，"罗杰说，"是你们把那只糜鹿放出来的。"亚伦没接话。

我们跟着罗杰走进了谷物升降机内。等眼睛适应了昏暗的环境后，我们才能看到它们。每隔半分钟左右就有一只老鼠沿着墙根跑来跑去，或是飞快地穿过地板，消失在一堆金属机器零件下面。俗话说，如果你看到20只老鼠，那就意味着还有200只你没看到。

我们回到阳光下，继续谈话。我们头顶上有一筒仓的碎玉米，我猜，还有传说中的200只老鼠。

"不，那其实是老鼠不去的地方。"罗杰说道。他衬衫最上面的纽扣没有扣，风起时就能看到一根长长的白色胸毛在颤抖。"它们可以爬上去，但为啥费那个劲儿? 它们不需要走那么远，就能找到吃的东西。"他用一只靴子在地上蹭了蹭。洒落的玉米足够多，我们停车时感觉车道像是碎石铺的那样嘎吱作响。

其他的饲料原料都露天堆放。车道的尽头，啤酒糟和大麦酒花堆成连绵的小山。我请罗杰估算一下老鼠会吃掉多少饲料。

"好吧，那是以25吨计量为一批的。你怎么知道老鼠有没有吃掉50磅?"他用一只手摘下帽子，用另一只手擦汗。除了帽子遮住的地方，他的脸都被晒红了。"从大的方面来说，风吹走的分量可能都比老鼠吃掉的多。你懂的，所以呢，我不确定这算不算超极大麻烦。"

罗杰烦老鼠的原因是它们喜欢在他的车引擎里做窝，有时还会咬电线。但他没有放老鼠夹或用老鼠药。"我一直在试养谷仓猫。哪怕它们老是在黄线上走来走去，结果被车碾死。要不然就是被谷仓里的猫头鹰抓走。"

我问他有没有安设巢箱，引谷仓猫头鹰来吃老鼠。这问题挺傻的。罗杰有谷仓，他不需要巢箱。不过他听说过这种做法。"在加利福尼亚，他们就这样做。我的天，它们能吃很多老鼠。"他推测，他这儿的老鼠之所以没有泛滥成灾是因为农场周围有狐狸，狐狸会减少老鼠的数量。有这种可能。在20世纪50年代末，俄勒冈州对狐狸和郊狼的过度屠杀就曾导致大规模的鼠患。在加利福尼亚，大约在1918年，有一项赏金计划催生了第二项赏金计划：一根地鼠尾巴能换3美分，在另一些县里是用头皮①去换钱。

圈了一群荷兰牛的畜栏上空有二十来只黑鹂向东飞去。亚伦问起驱鸟的办法。罗杰说："有些人可以来农场射杀椋鸟。"他补充了一句：但他不用这些人，因为并不有效。鸟儿飞走了，绕了一圈，很快就飞回来了。"那更像是一种心理安慰，感觉你有所作为了。"他看着那些鸟消失在一片树丛后面。"鸟不是什么大问题。"

我很愿意在罗杰臭烘烘、热烘烘的饲牛场里结束这本书。这个戴着大白帽的男人给了我希望。对我来说，他代表了一种未来的可能性：人们可能会被那些妨碍他们工作的野生动物所困扰，但他们会容忍，会和它们一起生活下去。在这个可能出现的未来里，面对野生动物带来的损害，人们的反应将类似于接受。也许更接

---

① 不择手段的赏金收集者将获得双重回报：用头皮在这个县、再用尾巴去另一个县换赏金。有些人会用一片兽皮包裹细棍，冒充鼠尾。还有人将尾巴切下来后放生，让啮齿动物自由自在地去繁殖更多的尾巴。针对关岛的入侵棕树蛇，政府在考虑赏金计划时也曾担心人们可能会受到诱惑，把棕树蛇放到别的岛上，从零开始，给他们创造新的收入来源。

近于顺其自然。不管怎么说，与前几十年、前几个世纪那种丧心病狂、斩尽杀绝的做法已大有不同。只要大家能远离愤怒，就会发现更人性化的方法也有用，甚至更有用。

有很多农民和农场主比罗杰更进步，而这正是他让我充满希望的原因。他经营的是大型农业，而非小型有机农业，但他明白这里面的道理。哪怕没有说出一个术语，但他就是在实践共存理念和生物控制方法。啮齿动物和鸟类让他损失的饲料是他做生意的一小部分成本。搞不好，我们该采用对付小偷的策略。超市和连锁店绝不至于毒死顺手牵羊的小偷，他们会想出更好的办法来战胜他们。

离开前，罗杰带我们参观了饲料场。种公牛的饲料是定量的。罗杰从食槽里捧出一把，让我闻闻。然后我们继续往前走。"对面的那些都是商业肉牛，它们靠吃玉米增肥。真正的高热量、高碳水化合物。"

肥牛站在栅栏边，甩着尾巴，瞪着眼睛。你们尽聊老鼠，怎么不聊聊我们？

"它们会被送到JDA或嘉吉公司被屠宰，"罗杰随口补充道，"大概60天后吧。"因为像我这样的人想吃牛肉汉堡。我很想说，每年只吃一到两次。但我明白，这种自我辩护太怂了。重要的不是数量，而是你有没有表态。假如你跟别人说你不吃牛肉，或者永远不会使用老鼠粘板的时候，你就会让他们对另一种选择心有不安。他们不曾考虑过的事，现在被你言之凿凿地说出来了。

几个世纪以来，人们将入侵的野生动物置于死地 —— 不管是亲自动手，还是找人帮他们杀 —— 并且毫无愧疚，几乎不去考虑那样做是否符合人道精神。处理实验室大鼠和小鼠时，我们可以按照详细的规章制度进行人道的"安乐死"，但要说如何处置自家院子里的啮齿动物或浣熊，却没有正式的标准可参照。我们把所有细节都留给灭虫公司和"野生动物控制操作员"，后者是在毛皮市场跌入谷底后萌生出来的新行当，因为以前的捕猎者意识到他们可以帮人们干掉阁楼的松鼠，反而比打猎更好赚。

啮齿动物是很好的风向标。如果人们可以不那么残忍地对待老鼠，甚至想都没想到可以那么残忍地对待老鼠，那么事情就会朝好的方向发展。那不仅是对老鼠好，说不定对人类也有好处。19世纪的历史学家里奥·梅纳布雷亚这样写道："如果我们能教会人类尊重虫子的家园，那么，人们就能明白应该更加尊重同类。"

我从科罗拉多州回来几个月后，有一天在户外看书，有只屋顶鼠横穿过露台的那端时，我碰巧抬头看了看。我的第一反应是冲动地开车去五金店，买个捕鼠夹。但我没有那样做。我怎么还能做出那种事呢？共存主义小姐，言行要一致，说到就要做到。更何况，我已经知道了，除掉一只就会给另一只带来空位①。我邻居家的桃树受到了一群松鼠的青睐，她用生擒陷阱逮住它们，再把它们放生到附近的公园里去。在我们彼此相邻而居的十几年，她一直都这样做，像西西弗斯那样。

几天后，我从露台走下楼梯时又看到了那只老鼠。它正从一

---

① 更权威的说法是，"我在自己约克郡的庄园中知道……不管哪个月里，但凡有人弄死 300 只或 400 只灰松鼠，就会有差不多数量的松鼠冒出来……取而代之……"这是农业和渔业部副部长费弗舍姆伯爵在上议院讨论 1937 年（禁止进口和饲养）灰松鼠令的会议上说的。

根树枝上跑下来，嘴里叼着一颗枇杷。我们的目光相遇了，它呆住了，我也呆住了。它的嘴巴一松，小果子掉下来了。从正面看过去，看不到光溜溜的小尾巴，这只屋顶鼠还真是挺可爱的。这种老鼠的个头比挪威鼠小，皮毛的棕色显得更温暖、更漂亮，就像一只没有蓬松大尾巴的松鼠。这家伙完全就和我去散步的海湾公园里跑来跑去的地松鼠一样可爱。（如果它们的历史可循，应该不太可能传播疾病。）我继续走下阶梯，把我的东西放进洗衣机，转头就忘了那只老鼠。

过了一周，我听到墙壁里面有动静。埃德说："你的小朋友要咬断电线啦，房子要着火啦。"我跟他说过，我想搞清楚它是怎么进屋来的，练习一下"排除法"。他给了我一星期的时间来解决这个问题。

我在我家外面的好几个地方安装了野生动物摄像机，结果，我们真的找出了老鼠从哪儿进屋的。埃德补好了缺口，就这样没有动静了。我还是会在附近看到老鼠，主要是在镜头里，但也会有一两次狭路相逢的机会。我点头示好，然后我们分头过自己的日子。

鸣　谢

写这本书的时候，我偶尔会遇到"有害脊椎动物"这个术语。我不太喜欢这个词，因为它会把某种动物强加到人类伟业的背景中。然而，这个词对某种哺乳动物来说好像很恰当，也很公平，那个动物就是我。必须特别指出，有些人在面对我无休止的打扰时保持仁慈和宽容，请受我一拜。请欢呼的人群把他们高高托起。他们是：斯图尔特·布雷克（Stewart Breck），贾斯汀·德林格（Justin Dellinger），特拉维斯·德沃特（Travis DeVault），安德烈·弗里耶斯（André Frijters），乔尔·克莱恩（Joel Kline），迪潘杨·纳哈（Dipanjan Naha），亚伦·希尔斯（Aaron Shiels），布鲁斯·沃伯顿（Bruce Warburton）和"达奇"·韦默（Dazy Weymer）。我不能凭一己之力完成这本书，你们也有一份功劳。我无以回报，只能说一句话——无论如何都无法囊括肺腑之言、词不达意的四个字——谢谢你们。

　　还有些人帮助了我，哪怕我常常不打招呼就去，他们也愿意把时间和学识分享给我，虽然你在书里看不大出来，但我要在此特别感谢：萨曼莎·布朗（Samantha Brown）、卡洛·卡萨隆神父（Father Carlo Casalone）、亚伦·考斯·杨（Aaron Koss-Young）、查理·马丁（Charlie Martin）、迪恩·麦克吉奥（Dean McGeough）、尼克·尼杰赫斯（Nico Nijenhuis）、托妮·比亚乔（Toni Piaggio）、卡马尔·库雷希（Qamar Qureshi）、沙罗杰·拉杰（Saroj Raj）、汤姆·西曼斯（Tom Seamans）、肖恩·坦普尔顿（Shaun Templeton）、柯蒂斯·特施（Kurtis Tesch）、拉斐尔·托尼尼（Rafael Tornini）、R.B.S.亚吉（R. B. S Tyagi）和蒂娜·怀特（Tina White）。

　　金姆·安妮斯（Kim Annis）、乔纳森·克莱门特（Jonathan

Clemente）、布莱德利·科恩（Bradley Cohen）、萨拉·科奇斯尼（Sarah Courchesne）、道格·艾科瑞（Doug Eckery）、朱莉·卡罗尔·埃利斯（Julie Carol Ellis）、埃斯特班·费尔南德斯-约西普（Esteban Fernandez- Juricic）、戴夫·盖谢立斯（Dave Garshelis）、凯瑟琳·霍拉克（Katherine Horak）、约翰·汉弗莱（John Humphrey）、布鲁斯·金博尔（Bruce Kimball）、马里奥·克里普（Mario Klip）、佩吉·格鲁（Page Klug）、提姆·曼利（Tim Manley）、斯黛拉·麦克米林（Stella McMillin）、维吉·门罗（Vicky Monroe）、朱莉·欧克斯（Julie Oakes）、塞斯·平卡斯（Seth Pincus）、威廉·皮特（William Pitt）、萨曼莎·波拉克（Samantha Pollak）、希瑟·瑞克（Heather Reich）、维吉尼亚·罗沙斯-邓肯（Virginia Roxas-Duncan）、谢恩·希埃斯（Shane Siers）、史蒂夫·史密斯（Steve Smith）、皮特·蒂拉（Peter Tira）、凯瑟琳·万德沃特（Catherine VandeVoort）、哈利·怀哲比（Harry Wetherbee）、凯特·威尔莫特（Kate Wilmot）和波尼·耶茨（Bonnie Yates）——就算我没有彻底达到"有害"的程度，至少也在你们耳边唠叨了一两个小时，谢谢你们没有挥手把我赶跑。

提姆·毕比（Tim Bibby）、保罗·德克斯（Paul Deckers）、卡罗尔·格拉兹（Carol Glatz）、赛迪斯·琼斯（Thaddeus Jones）、盖尔·科尔恩（Gail Keirn）、克里斯滕·麦金泰尔（Kirsten Macintyre）、法布里齐奥·曼斯特菲尼（Fabrizio Mastrofini）、希瑟·斯蒂尔（Heather Steere）、凯文·凡·达默（Kevin Van Damme）和布莱恩·韦克林（Brian Wakeling）：没有你们的帮助，好几个章节都无法写成。请接受我的衷心感谢。凯利·亨德里克斯（Keli Hendricks）、约翰·格里芬（John Griffin）、约翰·哈蒂迪恩（John Hadidian）和凯雷·尼古拉斯（Kellie Nicholas）：你们为本书探讨的议题提供了历史和政治的背景资料，我深深感谢诸位的洞见。约翰·安德森（John Anderson）、米拉·巴蒂亚（Meera Bhatia）、约翰·艾尔姆博格（Johan Elmberg）、安·费尔默（Ann Filmer）、罗宾·科纳德（Robin Konrad）、乔治亚·梅森（Georgia Mason）、克里斯蒂娜·梅斯特（Christina Meister）、萨纳斯·穆利亚（Sanath Muliya）和乔治·史密斯（George Smith）：感谢你们允许我入侵你们的收件箱。

因为实地采访，我去到了好多语言不通、文化不同的地方。再次感谢拉法埃拉·布斯基亚佐（Raffaella Buschiazzo）和查尔斯·兰斯杜普（Charles Lansdorp）提供的翻译和口译帮助。也要感谢尼兰亚娜·帕米克（Nilanjana Bhowmick）、阿里特拉·纳哈（Aritra Naha）和施薇塔·辛格（Shweta Singh）：你们凭借娴熟的听力和敏捷的头脑，微妙地为我的调研工作增色，你们的陪伴使我在远离家乡的地方有了家的感觉。

我还要对吉尔·比亚洛斯基（Jill Bialosky）和杰伊·曼德尔（Jay Mandel）说：20年来，一连出版了7本书，我必须再次感谢你们。不过，再怎么说谢也不够。因为一切总是很顺利。在出版业——甚至可以说在任何行业，在现实生活中——这种事可不多见！为持续发生的、奇迹般的W.W.Norton做出不可估量的贡献的还有以下优秀人才：斯蒂夫·阿塔尔多（Steve Attardo）、路易斯·布罗克特（Louise Brockett）、斯蒂夫·科尔卡（Steve Colca）、布兰达·科瑞（Brendan Curry）、因苏·刘（Ingsu Liu）、艾因·洛夫特（Erin Lovett）、梅瑞迪思·麦克吉尼斯（Meredith McGinnis）、史黛芬妮·罗密欧（Stephanie Romeo）和德鲁·威特曼（Drew Weitman）。

感谢珍妮特·伯恩（Janet Byrne）优雅而专业的编辑工作，她以耐心、机敏和热忱审视了我的写作。很少有人能像她那样出色（像她那样？像她做的那样？珍妮特！帮帮我的语法！）。

为了鸸鹋，我要向卡尔顿·恩格尔哈特（Carlton Engelhardt）点头致意；为了细高跟鞋，向安迪·卡拉姆（Andy Karam）点头致意。辛西娅，谢谢你把尼拉介绍给我。杰夫，感谢你的聆听，感谢你认为这是一个好主意。杰西，感谢你帮我联系了新西兰之旅，让我宾至如归。斯蒂芬，谢谢你把猴子加入了你的行程。还有埃德，总是要感谢埃德的：谢谢你做的一切。

毛茸茸的闯入者

"业主"备忘录

美国人道协会（HSUS）在其官网上有一系列"怎么办"指南，非常有用。提供的资讯包括解决——或预防，这个更好——城市和郊区野生动物问题的策略，所涉及的物种包括蝙蝠、熊、加拿大鹅、花栗鼠、郊狼、乌鸦、鹿、狐狸、老鼠、负鼠、鸽子、兔子、浣熊、老鼠、臭鼬、蛇、松鼠、麻雀、椋鸟、野火鸡和土拨鼠。

https://www.humanesociety.org/resource/wildlife-management-solutions

更多好建议可见于PETA网站上"与野生动物和谐共处"系列。所涉及的动物包括蝙蝠、鹅、老鼠、花栗鼠、鸽子、浣熊、臭鼬、松鼠、兔子和老鼠。https://www.peta.org/issues/wildlife/living-harmony-wildlife/

如果野生动物已经开始在阁楼或管道槽隙筑巢安家，你就该向专业人员求助，人道驱逐母兽及其幼崽。不管你给哪家机构打电话，我都建议你先读读HSUS官网题为"选择野生动物控制公司"的网页。把它们赶出你家需要专业技术。

诱捕后的放归自然也需要专业人员介入。现在，最佳的做法称作"原地放生"。操作人员帮你封堵入户口、清除或关闭其他对它们有吸引力的筑巢地点后，这些动物就会被放到它们的族群生活范围内——也就是，你的家园。为什么不把它们放到附近的树林或公园里呢？因为这听上去很人道，但真的不一定。"那些松鼠过得不好"，马里兰大学和HSUS的研究人员曾对38只灰松鼠进行了无线电跟踪，将它们重新安置在附近的帕图森研究保护区内。最终，17只灰松鼠尸骨无存，或只剩头骨，或只剩毛茸茸的尾巴拖在项圈旁，或索性只剩下了项圈——其中两只项圈"上有牙印"，还有一只落在狐狸窝里。差不多在11天内，剩下的18只松鼠也都消失了，下落不明。另一项研究的对象是浣熊，它们的情况好一点，但有些州禁止这样做，因为转移浣熊的同时也可能转移了狂犬病病毒。

对业主和啮齿动物双方来说都有一个好消息：越来越多的害虫害兽控制公司将"隔绝法"代替毒饵箱或设陷阱诱捕。简而言之，就是确定家鼠、田鼠或松鼠可能进入房屋的裂缝或缝隙（细小到让你震惊），再用动物无法轻易咬穿的防锈材料加以填充，最典型的填充物是钢丝绒。Xcluder啮齿动物和害虫防卫公司制造了"咬不穿"不锈钢纤维产品。在NWRC操作的7天测试中，老鼠们千方百计想吃到心仪的"超诱惑美食"（花生酱燕麦球，对家鼠来说则是热狗和奶酪），但10个被Xcluder堵住的缝隙都没有被老鼠突破。

扫描二维码，进入一推君的奇妙领地，
回复"毛茸茸的罪犯"，获取本书参考书目。